高等职业教育土建专业系列教材

建筑CAD

（第二版）

主　编	曹光辉		
副主编	李晓娅	李玉洁	赵春齐
	潘　靖	陈迎娜	刘　迎
参　编	李琳婉	张喻超	闫　丽
	施鹏深	纪　安	

南京大学出版社

图书在版编目(CIP)数据

建筑 CAD / 曹光辉主编. — 2 版. — 南京:南京大学出版社，2022.8
ISBN 978 - 7 - 305 - 25803 - 9

Ⅰ. ①建… Ⅱ. ①曹… Ⅲ. ①建筑设计—计算机辅助设计—AutoCAD 软件—高等职业教育—教材 Ⅳ. ①TU201.4

中国版本图书馆 CIP 数据核字(2022)第 089326 号

出版发行　南京大学出版社
社　　址　南京市汉口路 22 号　　邮　　编　210093
出 版 人　金鑫荣

书　　名　建筑 CAD
主　　编　曹光辉
责任编辑　朱彦霖　　　　　　编辑热线　025 - 83597482

照　　排　南京开卷文化传媒有限公司
印　　刷　南京玉河印刷厂
开　　本　787×1092　1/16　印张 16.5　字数 432 千
版　　次　2022 年 8 月第 2 版　2022 年 8 月第 1 次印刷
ISBN 978 - 7 - 305 - 25803 - 9
定　　价　49.80 元

网　　址:http://www.njupco.com
官方微博:http://weibo.com/njupco
官方微信号:njutumu
销售咨询热线:(025)83594756

前　言

本书根据教育部关于高等职业院校项目化教学推广的最新要求,在深入理解项目化教学思想精髓的基础上,采取项目驱动法组织内容,在项目任务实施过程中进行潜移默化地传授知识,使学生学习起来目标明确、有的放矢,增强他们的学习兴趣。

本书项目一为 AutoCAD 基础,重点介绍 AutoCAD 的安装卸载方法、初学软件时可能会遇到的一些问题以及如何添加对象、修改、打印等基本技能。项目二、三为基本绘图命令的使用和编辑,主要介绍点、直线、矩形、圆等图形的绘制方法和对象拾取、复制、缩放、移动、剪切、圆角、打断等图形的编辑方法。在实际教学中,可直接从项目三开始学习。项目一、二、三是 AutoCAD 绘图操作的基础学习内容。项目四、五、六是全书的核心,以使用 AutoCAD 和天正建筑软件绘制某宿舍楼项目的建筑图为链条,采用任务式学习教学法教会学生灵活应用绘图命令和绘图技巧来绘制常见建筑平面图、立面图、剖面图、建筑大样图。最后附录给出了一些常见命令和图例,方便学生们查阅和练习。掌握这些内容能为学生今后的深入学习和工作打下更加扎实的基础,有利于学生在工作中解决实际问题。

本书由三门峡职业技术学院曹光辉担任主编;由贵州轻工职业技术学院李晓娅,三门峡职业技术学院李玉洁,广东岭南职业技术学院赵春齐,云南能源职业技术学院潘靖,三门峡职业技术学院陈迎娜、刘迎担任副主编;由三门峡职业技术学院李琳婉,云南锡业职业技术学院张喻超、施鹏深,三门峡职业技术学院闫丽,云南能源职业技术学院纪安任参编;全书由曹光辉统稿。

本书分为六个项目,27 个任务,建议 60 学时。本书既可作为高职院校土建、建筑设计类相关专业的教材,也适合具备工程基础知识的工程技术人员以及其他对建筑 CAD 软件感兴趣的读者,只要具有中学文化基础和基本的计算机知识,都可采用本书来学习建筑 CAD。

由于时间仓促、编者水平有限,书中疏漏难免,望广大读者发邮件到 147816023@qq.com 进行批评指正,编者将不胜感激。

编　者
2022 年 5 月

目　录

项目一　AutoCAD 制图基础知识

> **学习目标**
> ☆ 了解 AutoCAD 的特点、发展过程。
> ☆ 熟悉软件的安装、启动和卸载，熟悉计算机辅助制图技术内容。
> ☆ 掌握 AutoCAD 软件的用户界面和基本设置以及图形的打印。
> ☆ 熟练使用 AutoCAD 绘制和编辑二维图形。
>
> **具体任务**
>
> 1. AutoCAD 软件的安装与卸载；　　2. AutoCAD 软件基本操作；
> 3. AutoCAD 基本对象的添加；　　　4. AutoCAD 图形的修改；
> 5. AutoCAD 图形的标注；　　　　　6. AutoCAD 图形的打印。

任务一　AutoCAD 软件的安装与卸载

任务描述

本部分任务是在了解 AutoCAD 软件发展的基础上，让学生学会 AutoCAD 2017 软件的安装、卸载和运行。

知识、技能目标

了解 AutoCAD 的特点、发展过程。独立安装、卸载、启动和退出 AutoCAD。

知识基础

CAD 即计算机辅助设计（Computer Aided Design），指利用计算机及其图形设备帮助设计人员进行设计工作，简称 CAD。很多人在提起 CAD 的时候，都往往把它理解为一个软件，事实上，CAD 是一个行业，即计算机辅助设计行业。CAD 行业中应用到的软件有很多，AutoCAD 是其中应用最广泛的一个软件。

CAD 诞生于 20 世纪 60 年代，是美国麻省理工学院提出了交互式图形学的研究计划，但由于当时的硬件设施非常昂贵，只有大型公司使用自行开发的交互式绘图系统。到了 20

世纪 70 年代,小型计算机成本下降,美国工业界才开始广泛使用绘图交互式系统。到了 20 世纪 80 年代,PC 机开始出现,这也推动了 CAD 的快速发展,出现了专业的 CAD 系统开发公司。当时 VersaCAD 是专业的 CAD 制作公司,所开发的 CAD 软件功能强大,但由于其价格昂贵,故不能普遍应用。而当时的 Autodesk 公司是一个仅有员工数人的小公司,其开发的 CAD 系统虽然功能有限,但因其可免费拷贝,故在社会得以广泛应用。自 1982 年问世以来,AutoCAD 已经进行了近 30 次的升级,从而使其功能逐渐强大,且日趋完善。如今,AutoCAD 已广泛应用于机械、建筑、电子、航天、造船、石油化工、土木工程、冶金、农业、气象、纺织等领域。在中国,AutoCAD 已成为工程设计领域中应用最为广泛的计算机辅助设计软件之一。

从 2000 年开始,AutoCAD 每年都有新的版本推出,而新的版本都较前者完善或是功能有所增强。新版本的 AutoCAD 除在图形处理等方面的功能有所增强外,一个最显著的特征是增加了参数化绘图功能。用户可以对图形对象建立几何约束,以保证图形对象之间有准确的位置关系,如平行、垂直、相切、同心、对称等关系;可以建立尺寸约束,通过该约束,既可以锁定对象,使其大小保持固定,也可以通过修改尺寸值来改变所约束对象的大小。另外,AutoCAD 软件借助 Autodesk 云支持和其强大的设计整合工具,使用户可以借助 AutoCAD 以前所未有的方式进行创意设计,它可以让用户灵活的选择以二维和三维方式设计自己的创意,强大直观的工具集也可以帮助用户实现创意可视化,将创新的设计理念变为现实,本教材以目前主流使用的 AutoCAD 2017 软件进行编写。

 任务实现

一、AutoCAD 的安装

AutoCAD 的安装是学习 CAD 的基本技能,通过安装为人们提供 AutoCAD 学习环境。作者建议学习者跨版本学习,即能适应不同的 CAD 版本。本节以 AutoCAD 2017 简体中文版为例,介绍 AutoCAD 的安装过程。

1. 首先下载 AutoCAD 安装包,并解压 AutoCAD 压缩包

2. 软件的安装

双击解压后的文件夹中的图标文件"Setup.exe"开始安装。

在弹出的 AutoCAD 2017 中文版安装界面中,点击【安装 在此计算机上安装】如图 1-1。

AutoCAD 2017 中文版需要.NET Framework 4.0 来支持,如果你的电脑没有安装.NET Framework 4.0,系统会弹出窗口,提示需要系统更新,单击【更新】系统会自动下载.NET Framework 4.0。下载完成后,按照提示成功安装.NET Framework 4.0。若计算机没有联网,可拷贝已下载的.NET Framework 4.0 进行安装。

若.NET Framework 4.0 已安装,程序弹出下一个窗口,如图 1-2 所示,选择【我接受】按钮,单击【下一步】继续安装,在弹出的窗口,输入你购买的 AutoCAD 2017 中文版序列号和产品密钥以及许可类型;如果你没购买 AutoCAD 2017 中文版序列号和产品密钥,可选择【我想要试用该产品 30 天】,单击【下一步】,继续安装 AutoCAD 2017 中文版。如图 1-3 所示。

图 1-1   AutoCAD 2017 中文版安装界面

图 1-2   自动安装许可协议界面

图 1-3   自动安装产品信息界面

　　单击【安装】按钮开始安装 AutoCAD 2017 中文版;也可单击【浏览】更改 AutoCAD 2017 安装目录,如图 1-4。AutoCAD 2017 中文版在安装中,根据电脑配置不同,安装时间长短不一样,请耐心等候,过程如图 1-5 所示。

图 1-4   配置安装界面

图 1-5   配置安装进度界面

　　安装完成后,界面如图 1-6 所示。如果你在 AutoCAD 2017 中文版安装过程中,选择的是【我想要试用该产品 30 天】,那在首次启动 AutoCAD 2017 中文版时需要激活 AutoCAD

2017 中文版；如果你想继续试用，可不用激活，免费使用 30 天 AutoCAD 2017 中文版。

图 1 - 6　安装完成界面

3. 软件的激活

首先双击电脑桌面上的 AutoCAD 2017 中文版快捷启动图标，打开 AutoCAD 2017 中文版。出现弹出 AutoCAD 许可窗口，如图 1 - 7 所示。单击【我同意】，弹出下一个窗口。可选择试用或选择激活按钮。如果你没有购买 AutoCAD 2017 中文版序列号和产品密钥，选择【试用】按钮，免费使用 AutoCAD 2017 中文版 30 天；如果你购买了序列号和产品密钥，选择【激活】继续，如图 1 - 8 所示。

图 1 - 7　AutoCAD 2017 许可窗口

图 1 - 8　AutoCAD 2017 激活选择窗口

选择激活按钮后，弹出激活选项窗口，如图 1 - 9 所示，可选择联网进行激活。如果具有正版 AutoCAD 2017 中文版的激活码，可在弹出的对话框中选择【我具有 Autodesk 提供的激活码】，将激活码输入或粘贴到框中，单击【下一步】完成激活。如图 1 - 10 所示。

图 1－9　产品许可输入窗口

图 1－10　AutoCAD 2017 成功激活窗口

如果能成功注册和激活，将出现以下界面，如图 1－11 所示。

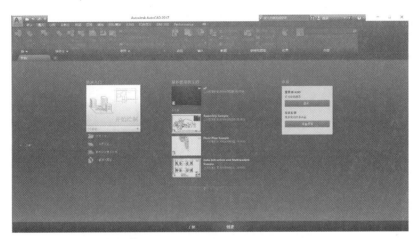

图 1－11　AutoCAD 2017 欢迎界面

二、AutoCAD 的卸载

单击【开始】按钮，选择"控制面板"，如图 1－12 所示。进入控制面板，选择"程序和功能"，如图 1－13 所示。

图 1－12　开始菜单图

图 1－13　控制面板

　　进入"卸载或更改程序"对话框,如图 1-14 所示,找到 AutoCAD 2017 软件,左键双击(或单击上方"卸载/更改"),出现如图 1-15 所示的对话框,单击右侧下方的【卸载】按钮,单击"卸载"命令,按提示完成卸载过程。

图 1-14　卸载或更改程序对话框

图 1-15　修复和卸载对话框

三、AutoCAD 的启动及退出

　　AutoCAD 与其他应用程序一样,为用户提供了多种启动与退出软件的快捷方式,通过这些快捷方式可以非常方便地使用它进行绘图工作。在不需要时,顺手将它关闭,可减少计算机内存的使用量,以方便其他应用程序工作。本例首先来学习不同启动和退出 AutoCAD 的方法和技巧。

　　1. AutoCAD 的启动

　　(1) 当我们在计算机上成功安装 AutoCAD 软件后,系统会自动在计算机的桌面上创建一个启动快捷方式图标,双击该图标,即可启动 AutoCAD。

　　(2) 单击【开始】→【所有程序】→【Autodesk】→【AutoCAD 2017-简体中文 (Simplified Chinese)】→【AutoCAD 2017-简体中文 (Simplified Chinese)】,也可启动 AutoCAD 2017 中文版。

（3）安装目录启动。

在 Windows 资源管理器或"我的电脑"中的 AutoCAD 的安装目录下双击"acad.exe"文件，来启动 AutoCAD，如图 1-16 所示。

图 1-16　安装目录文件

（4）通过 CAD 文件启动。

双击使用 AutoCAD 软件建立的后缀名为".dwg"的图形文件，如图 1-17 所示，可以启动 AutoCAD 并打开该图形文件。

图 1-17　双击后缀名为".dwg"的实例文件

（5）在启动 AutoCAD 的过程中，系统会弹出 AutoCAD 的欢迎界面，如图 1-18 所示。

图 1-18　AutoCAD 的欢迎界面

（6）启动 AutoCAD 后，系统将使用默认的设置创建出一个新图形，并进入 AutoCAD 初次启动时的工作界面，如图 1－19 所示。

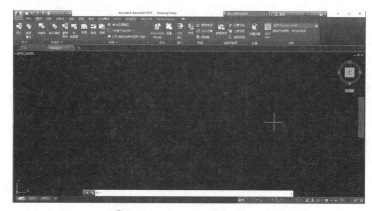

图 1－19　AutoCAD 的工作界面

下面我们就可以在 AutoCAD 中进行各种绘图工作了，在完成绘图工作后，我们还需要将 AutoCAD 应用程序退出。用户同样可通过多种方法来退出 AutoCAD。

2. AutoCAD 的退出

（1）执行【文件】→【退出】命令。

（2）按＜Ctrl＞＋＜Q＞键，可快速退出 AutoCAD。

（3）在 AutoCAD 的工作界面标题栏右侧，单击【关闭】按钮，或者在命令行中输入"Quit"或"Exit"，然后按＜Enter＞键，可快速退出 AutoCAD。

（4）双击工作界面标题栏左侧的控制图标，选"关闭或退出 AutoCAD 2017"，同样可将 AutoCAD 安全退出。

在退出 AutoCAD 应用程序之前，系统首先会将各图形文件退出，如果有未保存的文件，AutoCAD 将弹出如图 1－20 所示的提示对话框。

图 1－20　AutoCAD 提示对话框

单击对话框中【是】的按钮，打开"图形另存为"对话框，在该对话框中用户可以设置绘制图形所要保存的文件名称和路径，如图 1－21 所示，单击【保存】按钮，保存对图形所做的修改，并退出 AutoCAD。

图 1-21　"图形另存为"对话框

➤ **提示**:如果用户只是对先前保存过的图形进行了修改,而不是绘制的新图形,将不会弹出"图形另存为"对话框。若在提示对话框中单击【否】按钮,将放弃存盘,并退出 AutoCAD。单击【取消】按钮,将返回到原 AutoCAD 的绘图界面。

 学后任务

1. 安装和卸载 AutoCAD 2017 软件;
2. 启动和退出 AutoCAD 2017 软件。

▶ 任务二　AutoCAD 软件的基本操作 ◀

 任务描述

本部分任务是在安装 AutoCAD 软件发展的基础上,让学生认识 AutoCAD 工作界面,掌握 AutoCAD 软件的初始设置和文件的初步管理。

 知识、技能目标

熟悉 AutoCAD 工作界面,掌握 AutoCAD 软件的初始设置和文件的初步管理。

 知识基础

AutoCAD 2017 中文版工作空间样式有 3 种样式,分别是草图与注释、三维基础和三维建模。本教材主要介绍草图与注释(即经典工作界面),AutoCAD 2017 中文版的经典工作界面由标题栏、菜单栏、工具栏、绘图窗口、光标、命令窗口、状态栏、坐标、模型/布局选项卡、滚动条等组成,如下图 1-22 所示。

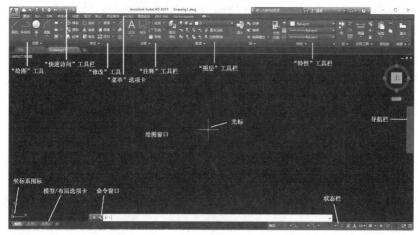

图 1-22　AutoCAD 草图与注释布局图

1. 标题栏

标题栏与其他 Windows 应用程序类似,显示 AutoCAD 2017 的程序图标以及当前所操作图形文件的名称。它位于应用程序窗口的最上面,如果是 AutoCAD 默认的图形文件,其名称为 DrawingN.dwg(N 代表数字)。单击标题栏右端的按钮,可以最小化、最大化或关闭应用程序窗口。标题栏最左边是应用程序的小图标,单击它将会弹出一个 AutoCAD 窗口控制下拉菜单,可以执行最小化或最大化窗口、恢复窗口、移动窗口、关闭 AutoCAD 等操作。

2. 菜单栏与快捷菜单

中文版 AutoCAD 的菜单栏由"文件""编辑""视图"等菜单组成,几乎包括了 AutoCAD 中全部的功能和命令。

快捷菜单又称为上下文相关菜单。在绘图区域、工具栏、状态行、模型与布局选项卡以及一些对话框上右击时,将弹出一个快捷菜单,该菜单中的命令与 AutoCAD 当前状态相关。使用它们可以在不启动菜单栏的情况下快速、高效地完成某些操作。下拉菜单中,右侧有小三角的菜单项,表示它还有子菜单。右侧显示出了"缩放"子菜单;右侧有三个小点的菜单项,表示单击该菜单项后会显示出一个对话框;右侧没有内容的菜单项,单击它后会执行对应的 AutoCAD 命令。

3. 工具栏

工具栏是应用程序调用命令的另一种方式,它包含许多由图标表示的命令按钮。AutoCAD 2017 提供了 40 多个工具栏,每一个工具栏上均有一些形象化的按钮。单击某一按钮,可以启动 AutoCAD 的对应命令。默认情况下,"常用""块和参照""注释""工具""视图"和"输出"等工具栏处于打开模块状态。如果要显示当前隐藏的工具栏,可在任意工具栏上右击,此时将弹出一个快捷菜单,通过选择命令可以显示或关闭相应的工具栏。也可通过选择与下拉菜单【工具】→【工具栏】→【AutoCAD】对应的子菜单命令打开 AutoCAD

的各工具栏。点击工具栏上的向下小箭头标志,系统给出三种工具栏的缩放模式,方便大家使用。在每个工具栏的每个常用模块的右下角有个小斜三角标志,点击后会自动缩放伸展开,显示出此模块内隐藏的常用选项。如:工具栏中的常用模块中的绘图。

在每个大的模块中有很多详细的功能分类。如常用模块中有"绘图""修改""图层""注释""块""特性"和"使用程序"等。那么其他的如"块和参照模块""注释"模块内都有不同的详细分类。这里就不一一叙述。

4. 绘图窗口

在 AutoCAD 中,绘图窗口是用户绘图的工作区域,所有的绘图结果都反映在这个窗口中。可以根据需要关闭其周围和里面的各个工具栏,以增大绘图空间。如果图纸比较大,需要查看未显示部分时,可以单击窗口右边与下边滚动条上的箭头,或拖动滚动条上的滑块来移动图纸。

在绘图窗口中除了显示当前的绘图结果外,还显示了当前使用的坐标系类型以及坐标原点、X 轴、Y 轴、Z 轴的方向等。默认情况下,AutoCAD 坐标系为世界坐标系(WCS)。绘图窗口的下方有"模型"和"布局"选项卡,单击其标签可以在模型空间或图纸空间之间来回切换。

5. 命令行与文本窗口

命令行窗口位于绘图窗口的底部,是 AutoCAD 显示用户从键盘键入的命令和显示 AutoCAD 提示信息的地方。默认时,AutoCAD 在命令窗口保留最后三行所执行的命令或提示信息。用户可以通过拖动窗口边框的方式改变命令窗口的大小,使其显示多于 3 行或少于 3 行的信息。

文本窗口是记录 AutoCAD 命令的窗口,是放大的"命令行"窗口,它记录了已执行的命令,也可以用来输入新命令。在 AutoCAD 2017 中,可以选择【视图】→【显示】→【文本窗口】命令、执行 TEXTSCR 命令或按<F2>键来打开 AutoCAD 文本窗口,它记录了对文档进行的所有操作。

6. 状态行

状态行用于显示或设置当前的绘图状态。状态行用来显示 AutoCAD 当前的状态,如当前光标的坐标、命令和按钮的说明等。在绘图窗口中移动光标时,状态行的"坐标"区将动态地显示当前坐标值。其余按钮从左到右分别表示当前是否启用了推断约束、捕捉、栅格、正交、极轴追踪、对象捕捉、三维对象捕捉、动态 UCS 等(鼠标左键双击,可打开或关闭)。

7. 滚动条

利用水平和垂直滚动条,可以使图纸沿水平或垂直方向移动,即平移绘图窗口中显示的内容。

8. 菜单浏览器

单击"菜单浏览器",AutoCAD 会打开浏览器,如图 1-23 所示。用户可通过菜单浏览器执行相应的操作。

图 1-23　菜单浏览器操作界面

任务实现

一、AutoCAD 绘图基本设置与操作

进入绘图环境之后,需要对绘图环境进行各种必需的设置。此部分是各项工作的基础,绘制建筑专业图纸需要掌握的内容主要包括如下几个方面:

- 工作空间的设置
- 图形界限的设置
- 绘图单位的设置
- 选项的设置
- 图层设置

对于以上需要设置的内容,有一些属于整体环境的设置,如工作空间、图形界限和选项等的设置,需要我们在开始绘图前进行设置与定义。有一部分也可以在使用前进行定义,如图层和后文介绍的文字、标注等的定义。

1. 工作空间的设置

新建文件之后,有时也会出现如图 1 - 24 所示情况。这是一种草图与注释的工作空间,一般并不符合大家的二维绘图习惯。工作空间是经过分组和组织的菜单、工具栏、选项板和面板控制面板的集合,使用户可以在自定义的、面向任务的绘图环境中工作。使用工作空间时,只会显示与任务相关的菜单、工具栏和选项板。

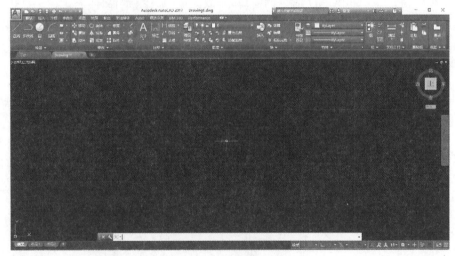

图 1 - 24　草图与注释界面

在 AutoCAD 中灵活设置工作空间,主要有以下几种方法。

(1) 通过"工作空间"工具栏设置工作空间

在"工作空间"工具栏中的下拉列表栏内,选择"AutoCAD 经典"选项,如图 1 - 25 所示。

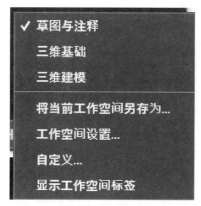

图 1-25　"工作空间"选项

　　默认情况下,AutoCAD 2017 为用户提供了定义好的 3 个基于任务的工作空间:草图与注释、三维基础、三维建模。用户可根据绘图需求,使用合适的工作空间来进行绘图工作。

　　如果在选择样板的时候,选择的是三维样板,如"acadiso3d.dwt"样板的话,在此切换工作空间将仍然是三维视图界面。

　　(2) 通过自定义用户界面设置工作空间

　　通过输入"TOOLBAR"命令,可以打开"自定义用户界面"对话框,如图 1-26 所示,我们可以选择相应的工作空间,然后点右键将对应的工作空间设置为当前,以改变工作空间,同时也可以自定义工作空间。

图 1-26　自定义用户面板

　　工作空间设置的作用在于:某些时候,界面经过我们调整和修改之后(这种调整可能是无意的),导致我们找不到需要的工具栏及菜单栏等工具之后,可以通过"自定义用户界面"来复制一个工作空间并设为当前,以达到还原原始工作环境的作用。

　　经过样板的选择和工作空间的设置之后,我们可以进入习惯的工作环境,如图 1-27 所示,开始进行绘图工作。

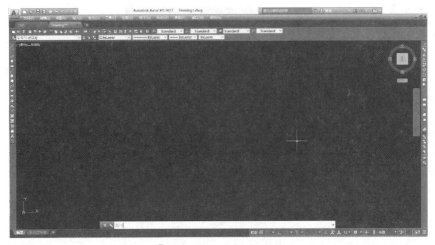

图 1－27　自定义工作界面

2. 图形界限的设置

在绘图之前,我们需要明确绘图区域,以免出现所画的图形不能在屏幕显示或显示太小等问题。确定绘图范围的步骤如下:

(1) 确定绘图范围大小

一般来说,确定绘图范围大小,主要采用以下两个原则:

① 按 1∶1 的比例绘制图形

由于 AutoCAD 是一个虚拟的绘图空间,在这个虚拟的数字空间中,可以按 1∶1 的比例来容纳任意大小的图形。

② 采用标准图纸的比例

因为我们绘图的最终是输出到标准图纸上使用。因此在整体布局的时候,应该考虑标准图纸的比例,这样在输出的时候,才能够做到布局合理。

例如,如果我们要画一幅图,图形尺寸是 31800×23000,那么我们按照上述两个原则,则选择 42000×29700 的图形界限就是比较合适的。

(2) 设置图形界限

在命令栏中输入"LIMITS"回车。输入"ON"回车(确认图形界限打开)。如图 1－28 所示,接着再回车,指定"左下角点"时直接回车取默认的 0,0(当然也可以直接输入绝对坐标值),指定"右上角点"时输入相对坐标值((@42000,29700),回车即可完成图形界限的确定。

图 1－28　图形界限设置

(3) 缩放屏幕,在屏幕中显示全部区域

通过菜单【视图】→【导航】→【范围】或通过命令行中输入"ZOOM"命令,再键入"A",可以在屏幕上显示全部图形界限的内容。如果屏幕上有图形超出了设置图形界限,则图形界限及图形都被显示在屏幕上。

（4）打开栅格或绘制矩形边框，以明确绘图区域

经过上面三步操作之后，如果已经打开了栅格功能，效果如图 1-29 所示，则在屏幕上每隔一定间距，会显示绿线、红线、栅格点，绿线右侧的地方即为绘图区域。

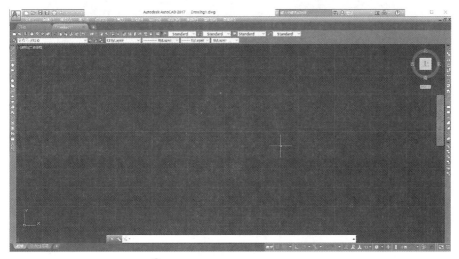

图 1-29　栅格打开后显示的效果

AutoCAD 默认的栅格间距是 10，如果通过栅格明确绘图范围或者想捕捉栅格时候，需要通过右击状态栏上的【栅格】按钮，打开"草图设置"对话框来设置栅格间距，如图 1-30 所示。

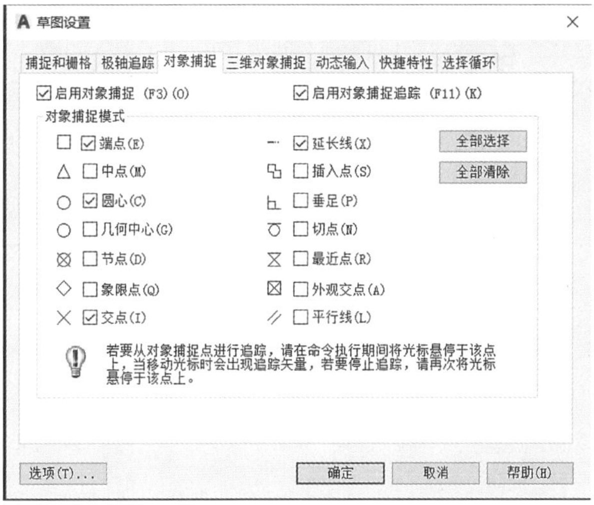

图 1-30　栅格设置界面

此时我们亦可采用矩形命令来绘制一矩形边框，以明确绘图区域，如图 1-31 所示。

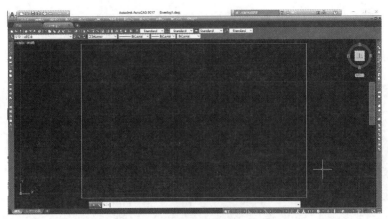

图 1-31   明确绘图区域后的界面

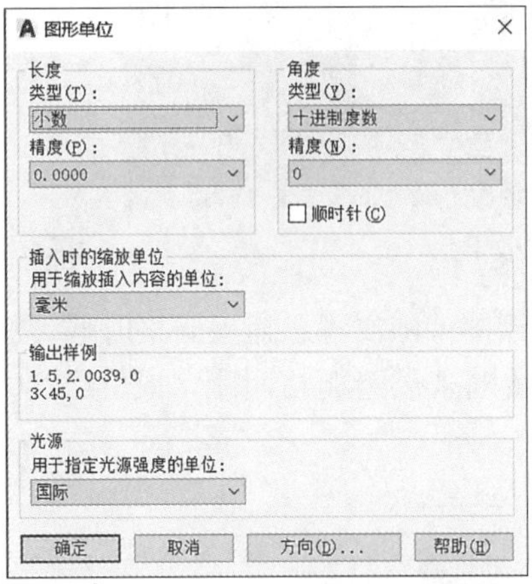

图 1-32   图形单位设置对话框

3. 绘图单位的设置

设置绘图的长度单位、角度单位的格式以及它们的精度。输入"UNITS",即执行 UNITS 命令。AutoCAD 2017 中文版弹出"图形单位"对话框,如图 1-32。在 AutoCAD 2017 对话框中,"长度"选项组确定长度单位与精度;"角度"选项组确定角度单位与精度;还可以确定角度正方向、零度方向以及插入单位等。

4. 选项的设置

为了使绘图方便,通常需要对绘图环境进行设置,可以在输入命令"OPTIONS",如图 1-33 所示。也可以选择菜单【工具】→【选项】命令,打开选项对话框,如图1-34 所示,通过这些选项卡就可以设置整个绘图的环境。

图 1-33   命令输入 OPTIONS 对话框

图 1-34   选项对话框

（1）"文件"选项卡

在"文件"选项卡中，可以去系统搜索支持文件、驱动程序文件以及其他文件的搜索路径、文件名和文件的位置等。

（2）"显示"选项卡

在"显示"选项卡中，可以自定义系统的显示，包括设置"窗口元素""显示精度""显示性能""布局元素""十字光标大小"和"淡入度控制"6 项属性，如图 1-35 所示。

图 1-35　显示选项卡

若勾选"窗口元素"中"图形窗口中显示滚动条"复选框，在绘图窗口中就显示滚动条，否则就不会有滚动条显示。

（3）"打开和保存"选项卡

使用"打开和保存"选项卡可以设置打开和保存图形文件时的有关参数，包括"文件保存""文件安全措施""文件打开""外部参照"和"ObjectARX 应用程序"5 个属性，如图 1-36 所示。

图 1-36　打开和保存选项卡

①"文件保存"选项组

使用文件保存选项组可以设置在保存文件时的文件格式、增量保存百分比以及保存缩略图预览图像。单击【缩略图预览设置】按钮,弹出"缩略图预览设置"对话框,如图 1-37 所示。在该对话框中可以对"图形"和"图纸和视图"选项组进行修改。

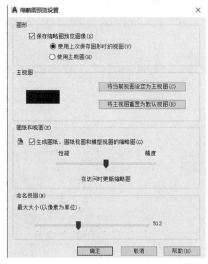

图 1-37　缩略图预览设置对话框

②"文件安全措施"选项组

"文件安全措施"选项组可以设置是否自动保存文件,是否在每次保存时都创建备份,是否引进 CRC 校验,是否维护日志文件,设置临时文件的扩展名以及是否显示数字签名信息等。单击文件安全措施选项组中的【数字签名】按钮,弹出"数字签名"对话框,如图 1-38 所示。

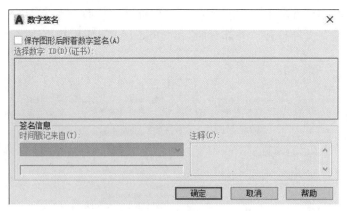

图 1-38　"数字签名"对话框

5. 图层的设置

图层可以看成是一张透明的玻璃纸,在不同的图层上可以绘制图形的不同部分,最后将这些图层叠加起来,构成最终的图形。同一图层具有同一种线型、同一种颜色、同一个线宽。

在 AutoCAD 中,使用"图层特性管理器"对话框不仅可以创建图层,设置图层的颜色、线型和线宽,还可以对图层进行更多的设置与管理,如图层的切换、重命名、删除及图层的显示控制等。

(1) 设置图层特性

使用图层绘制图形时,新对象的各种特性将默认为"ByLayer"(随层),由当前图层的默认设置决定。也可以单独设置对象的特性,新设置的特性将覆盖原来随层的特性。在"图层特性管理器"对话框中,每个图层都包含"状态""名称""打开/关闭""冻结/解冻""锁定/解锁""线型""颜色""线宽"和"打印样式"等特性,如图 1-39 所示。

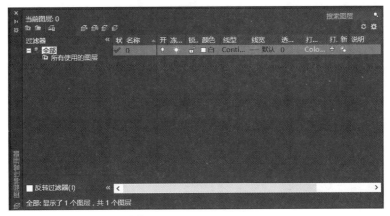

图 1-39　图层设置对话框

(2) 切换当前图层

在"图层特性管理器"对话框的图层列表中,选择某一图层后,单击【当前图层】按钮,即可将该图层设置为当前图层。

在实际绘图时,为了便于操作,主要通过"图层"工具栏和"对象特性"工具栏来实现图层切换,这时只需选择要将其设置为当前层的图层名称即可。此外,"图层"工具栏和"对象特性"工具栏中的主要选项与"图层特性管理器"对话框中的内容相对应,因此也可以用来设置与管理图层特性。

(3) 使用"图层过滤器特性"对话框过滤图层

在 AutoCAD 中,图层过滤功能大大简化了在图层方面的操作。图形中包含大量图层时,在"图层特性管理器"对话框中单击【新特性过滤器】按钮,可以使用打开的"图层过滤器特性"对话框来命名图层过滤器,如图 1-40 所示。

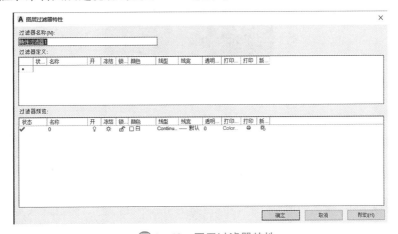

图 1-40　图层过滤器特性

（4）使用"新组过滤器"过滤图层

在 AutoCAD 2017 中,还可以通过"新组过滤器"过滤图层。可在"图层特性管理器"对话框中单击【新组过滤器】按钮,并在对话框左侧过滤器树列表中添加一个"过滤器 1"（也可以根据需要命名组过滤器）。在过滤器树中单击"所有使用的图层"节点或其他过滤器,显示对应的图层信息,然后将需要分组过滤的图层拖动到创建的"组过滤器 1"上即可,如图 1-41 所示。

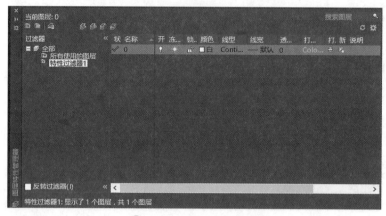

图 1-41   图层过滤器特性

（5）保存与恢复图层状态

图层设置包括图层状态和图层特性,图层状态包括图层是否打开、冻结、锁定、打印和在新视口中自动冻结。图层特性包括颜色、线型、线宽和打印样式。可以选择要保存的图层状态和图层特性,如图 1-42 所示。例如,可以选择只保存图形中图层的"冻结/解冻"设置,忽略所有其他设置。恢复图层状态时,除了每个图层的冻结或解冻设置以外,其他设置仍保持当前设置。在 AutoCAD 2017 中,可以使用"图层状态管理器"对话框来管理所有图层的状态。

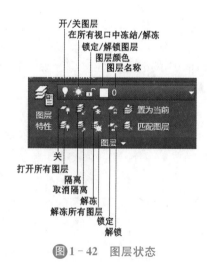

图 1-42   图层状态

（6）建筑 CAD 制图中图层设置的要求

正常制图标准中,线宽一般是三种,粗（线宽为 b）、中（线宽 0.5b）、细（线宽 0.25b）。至于图层,看个人习惯,主要是自己画图方便,并能看明白就可以。

　　线宽一般都是在打印样式中设置,很少在图中直接给宽度。

　　打印机大部分都是按照线的颜色指定线宽的。在打印对话框中,打印样式表中,按颜色给出线宽。

　　常用的图层如下:

　　1号(红色),轴线,线宽0.18;

　　2号(浅灰色),楼梯、台阶、散水等,线宽0.25;

　　3号(绿色),标注,线宽0.18;

　　4号(红色),门窗,线宽0.25;

　　7号(白色),文字,线宽0.25;

　　8号(蓝色),填充,线宽0.18;

　　9号(黄色),墙线,线宽0.5;

　　其他图层按需要设置。

二、AutoCAD图形文件的管理

　　在AutoCAD 2017中,图形文件管理包括创建新的图形文件,打开已有的图形文件,关闭和保存图形文件等操作。

1.创建新的图形文件

　　单击"标准"工具栏上的【新建】按钮,或选择【文件】→【新建】命令,即执行NEW命令,AutoCAD弹出"选择样板"对话框,如下图1-43所示。

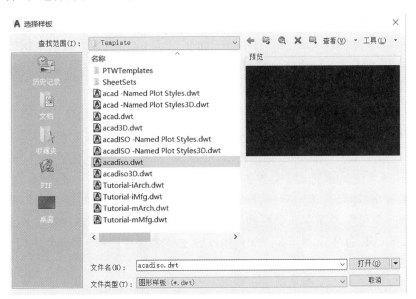

图1-43　"选择样板"对话框

　　主界面里列出系统中预存的各种各样的样板,但是这些样板一般都参照国外的标准,绝大多数并不适合我们的习惯,同时如果选择了这些样板之后,还会有一些格式设置差异的副作用,如图1-44所示。

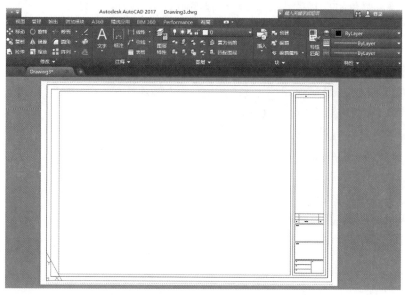

图 1‑44　样板展示图

因此,对我们来说,除了选择自己定义的样板之外,一般情况下,都选择以 acad 开头的二维样板。其中 acad.dwt 默认的图形界限是(12,9),acadiso.dwt 默认的图形界限是(420,297)。

该部分的关键点是对绘图模板的选择。一般情况下,我们需要选择以 acad 开头的二维模板,即 acadiso.dwt 或 acad.dwt 这两个模板。

2. 打开图形

在命令行输入"OPEN"命令打开,或单击"标准"工具栏上的【打开】按钮,快捷键<Ctrl>+<O>键,或选择【文件】→【打开】命令,AutoCAD 弹出与前面的图类似的"选择文件"对话框,可通过此对话框确定要打开的文件并打开它。

3. 保存图形

(1) 用 QSAVE 命令保存图形

用命令行输入"QSAVE"命令保存图形,或单击"标准"工具栏上的"保存"按钮(快捷键<Ctrl>+<S>键),或选择【文件】→【保存】命令,如果当前图形没有命名保存过,AutoCAD 会弹出"图形另存为"对话框。通过该对话框指定文件的保存位置及名称后,单击"保存"按钮,即可实现保存。如果执行 QSAVE 命令前已对当前绘制的图形命名保存过,再执行 QSAVE 命令后,AutoCAD 直接以原文件名保存图形,不再要求用户指定文件的保存位置和文件名。

(2) 换名存盘

换名存盘指将当前绘制的图形以新文件名存盘。执行 SAVEAS 命令(快捷键<Ctrl>+<Shift>+<S>键),AutoCAD 弹出"图形另存为"对话框,要求用户确定文件的保存位置及文件名,用户响应即可。

4. 恢复文件

在使用 AutoCAD 的过程中,有时会遇到软件出错或者停电等现象,这些情况所造成的文件丢失可以通过以下不同的方法恢复。第一种方法是将系统自动保存文件的扩展名 ac

$ 修改为 dwg 重新打开,第二种方法是将备份副本文件的扩展名 bak 改为 dwg,或者在 bak 后面加上 dwg 重新打开。

 学后任务

1. 将图形界限设置为 42000×29700；

2. 按本节内容进行 AutoCAD 常用选项的设置；

3. 新建文件名为"房屋模型"的 dwg 文件,工作空间设置为三维建模,图形界限为 80000×60000,绘图单位精度为 0,安全密码设置为 201688,保存在 D 盘 CAD 文件夹；

4. 利用建筑制图知识建立一个建筑平面图绘制的图层,包括轴线、轮廓、墙线、门窗、楼梯、标注等元素。

任务三　AutoCAD 基本对象的添加

 任务描述

本部分任务是利用绘图工具学会添加各种基本对象及外部对象。

 知识、技能目标

掌握命令的输入方法,会看系统的提示信息,能完成指定点的确定和掌握块的定义和插入。

 任务实现

在做完各类绘图环境设置之后,就可进入绘图阶段。绘图阶段的目的是在绘图区域内添加我们需要的各种基本对象。添加基本对象的方式是利用绘图工具绘制或插入外部工具。

前面已经提到过,计算机是一种工具,需要我们向它下达命令,然后由它帮我们来实现各种命令的绘图操作。同时计算机还会以引导者的角色出现,为了便于用户对软件的使用,软件厂商会尽量给出详尽的提示信息或帮助信息,我们按照这些提示信息就可以掌握软件的使用。

因此,绘图的时候,我们需要掌握如下两种技能:会输入命令和会查看提示信息。

一、输入命令

用 AutoCAD 绘制图形时,必须输入并执行一系列的命令,以告诉计算机我们要做什么。AutoCAD 启动后,命令提示区提示"命令:",此时表示 AutoCAD 处于接受命令状态,用户可以根据需求选用以下五种命令输入方法。

菜单输入：使用菜单输入，移动鼠标选中一项，便出现该项的下拉式菜单，点击相应的选项，可以快速执行该选项对应的 AutoCAD 的命令和功能。

工具栏输入：工具栏中的每个图标能直观地显示其相应的功能，用户需要使用哪些功能，只要用鼠标直接点击代表该功能的图标即可。

键盘输入：在命令提示区的命令提示行中直接键入命令名或提示行要求的参数或符号后，按回车键或空格键执行。键盘输入方式包括命令和快捷命令，常用的快捷命令见附表一。

重复执行命令：当执行完一个命令后，空响应（在命令的提示行不输入任何参数或符号，直接按回车或空格键）命令提示符"命令："，会重复执行前一个命令。

透明命令：AutoCAD 的一些命令允许在执行某一条命令的过程中运行此命令，这种命令称为透明命令，执行透明命令时要在命令前加一"'"。

对于命令的输入，我们对其的使用一般需要经过菜单栏、工具栏、命令行、快捷命令这几个熟悉的过程。不管用哪种命令方式输入命令后，命令行都会给出相应的英文命令提示，我们可以很方便地通过它来记住命令。最终对于熟练的绘图员来说，需要掌握常用命令的快捷命令。左（右）手不离鼠标，右（左）手不离键盘，可以很方便地提高绘图效率。

对于快捷命令的掌握，有两种方法，一是通过命令找规律，很多快捷命令都是绘图命令的前一个或几个字母，二是通过配置文件来定义自己喜欢的快捷键。快捷命令的定义是放在 acad.pgp 这个文件里的，可以通过菜单栏的【工具】→【自定义】→【编辑程序参数（acad.pgp）】这个菜单项来进行查看和修改。

不管通过哪种方式输入命令，我们的主要目的就是告诉计算机我们要做什么。计算机接收到相关命令后，会按照既定程序往下进行，给我们反馈回来一些信息，因此我们还要学会如何看提示信息。

二、查看提示信息

提示信息是软件和用户的直接交流，是对用户命令的反馈，在此扮演的是引导者的角色，依据软件反馈回来的提示信息，我们就会知道我们下一步应该怎么做，必须怎么做。提示信息形式有多种，如对话框，命令行提示信息、状态栏信息等。提示信息看起来比较复杂，但是经过总结归纳后，不外乎如下几种：输入点、选择对象或输入其他选项。

如输入画圆命令后，出现信息如图 1 - 45 所示。

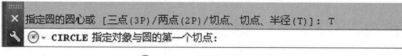

图 1 - 45　画圆时提示信息

提示信息中就要求输入点或输入其他参数。其中中括号内的部分包括选项及其快捷键，如果默认选项不能满足要求，我们可以通过输入选项中的小括号内的数字或者字母来指定对应的选项。譬如，如果需要通过"相切、相切、半径"来画圆，则需要输入"T"。此时提示信息变为如图 1 - 46 所示，即要求我们输入切点，信息又变为指定关键点。

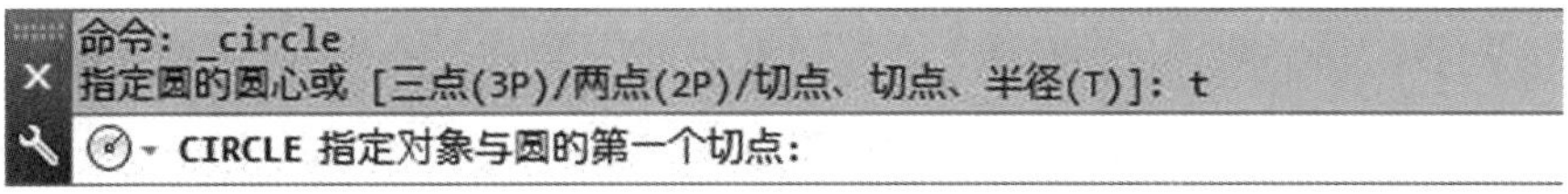

```
命令：_circle
指定圆的圆心或 [三点(3P)/两点(2P)/切点、切点、半径(T)]：t
CIRCLE 指定对象与圆的第一个切点：
```

图 1-46　输入其他参数后提示信息

因此绘图过程一定要学会看提示信息，学会对症下药，找对应的参数。最终提示信息都会反映三个基本内容：输入关键点或选择对象或根据需要输入数值。

三、指定关键点

图形中最基本的元素是点，点构成线，线构成面，面构成体。因此在绘制图形的时候，有一半的工作都是指定各种各样的关键点。因此精确地指定各个点是绘图的重要基本技能。

指定点的方法常用的有如下三种。

1. 键盘直接指定点

（1）绝对坐标

① 直角坐标

直角坐标用点的 X、Y、Z 坐标值表示该点，且各坐标值之间要用逗号隔开。格式为 (x, y) 或 (x, y, z)，如输入图形界限时的 (0,0) 和 (42000,29700)。

② 极坐标

极坐标用于表示二维空间的点，其表示方法为：距离＜角度，格式为"$L＜A$"，L 表示长度（Length），A 表示角度（Angle），如 3000＜30，表示 30 度角上距离原点 3000 的点。

③ 球坐标

球坐标用于确定三维空间的点，它用三个参数表示一个点，即点与坐标系原点的距离 L；坐标系原点与空间点的连线在 XY 面上的投影与 X 轴正方向的夹角（简称在 XY 面内与 X 轴的夹角）；坐标系原点与空间点的连线同 XY 面的夹角（简称与 XY 面的夹角），各参数之间用符号"＜"隔开，即"$L＜\quad＜\quad$"。例如，"150＜45＜35"表示一个点的球坐标，各参数的含义如图 1-47 所示。

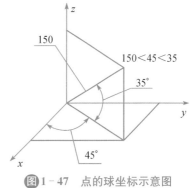

图 1-47　点的球坐标示意图

（2）相对坐标

相对坐标是指相对于前一坐标点的坐标。相对坐标也有直接坐标、极坐标、球坐标和柱坐标四种形式，其输入格式与绝对坐标相同，但要在输入的坐标前加前缀"@"。

相对直角坐标，格式为"$@x, y$"，表示相对于上一点时的坐标，如"@42000,29700"。

相对极坐标，格式为"$@L＜A$"，同上，@表示相对于上一点，L 表示长度，A 表示角度。如"@3000＜30"表示指定一个相对于上一点距离为 3000，与上一点引出的 x 轴正方向夹角为 30°的点。

2. 鼠标捕捉到关键点后点击左键来确定点

利用鼠标捕捉功能，主要需要掌握对精确绘图的设置及使用功能，即利用捕捉和追踪功能来实现精确找点。

AutoCAD 中的"自动追踪"有助于按指定角度或与其他对象的指定关系绘制对象。当"自动追踪"打开时,临时对齐路径有助于以精确的位置和角度创建对象。"自动追踪"包括两种追踪选项:"极轴追踪"和"对象捕捉追踪"。可以通过状态栏上的"极轴"或"对象追踪"按钮打开或关闭"自动追踪"。与对象捕捉一起使用对象捕捉追踪。必须设置对象捕捉,才能从对象的捕捉点进行追踪。

(1) 极轴追踪

在 AutoCAD 中,我们经常用正交的功能,利用极轴追踪的功能,可以使一些绘图工作变得更加容易。其实极轴追踪与正交的作用有些类似,也是为要绘制的直线临时对齐路径,然后输入长度就可以在该路径上绘制一条指定长度的直线。理解了正交的功能后,就不难理解极轴追踪了。

下边以绘制一条长度为 10 个单位与 x 轴成 30°的直线为例说明极轴追踪的一个简单应用,具体步骤如下:

在任务栏的"极轴追踪"上点击右键弹出下面的菜单,如黑色框线里的选项,选中"启用极轴追踪"并调节"增量角"为 30。点击"确定"关闭对话框,如图 1 - 48 所示。

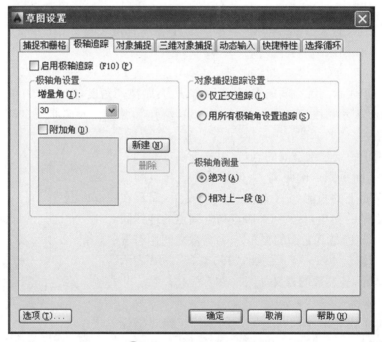

图 1 - 48　极轴追踪对话框

输入直线命令"LINE"回车,在屏幕上点击第一点,慢慢地移动鼠标,当光标跨过 0°或者 30°角时,AutoCAD 将显示对齐路径和工具栏提示,如图 1 - 49 所示,虚线为对齐的路径,黑底白字的为工具栏提示。当显示提示的时候,输入线段的长度 10,回车,那么 AutoCAD 就在屏幕上绘出了与 x 轴成 30°夹角且长度为 10 的一段直线。当光标从该角度移开时,对齐路径和工具栏提示消失。

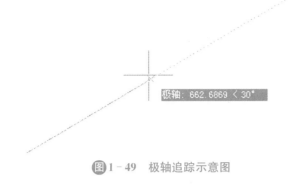

图 1 - 49 极轴追踪示意图

（2）对象捕捉追踪

对象捕捉追踪功能可以沿着对齐路径进行追踪，对齐路径是基于对象捕捉点的。已获取的点将显示一个小加号（＋），一次最多可以获取七个追踪点。获取了点之后，当在绘图路径上移动光标时，相对于获取点的水平、垂直或极轴对齐路径将显示出来。例如，可以基于对象端点、中点或者对象的交点，沿着某个路径选择一点。如图 1 - 50 所示，如果要在五个圆外画一个外接矩形，则需要打开对象捕捉追踪的切点，然后追踪两个切点的交点作为矩形的对角点，切点不是我们需要的矩形端点，因此不能按下，只需要把鼠标放到切点上，然后往正交方向移动，则会出现追踪角度，两个角度相交的点就是我们需要的矩形端点，出现交点后，点击鼠标左键即可。

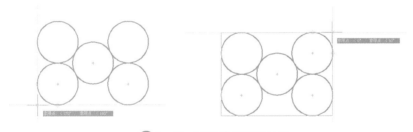

图 1 - 50 对象捕捉追踪示例

（3）改变自动追踪中的一些设置

默认情况下，对象捕捉追踪设置为正交。对齐路径将显示在始于已获取的对象点的 $0°$、$90°$、$180°$ 和 $270°$ 方向上，如图 1 - 51 所示。但是可以在"草图设置"里，使用"用所有极轴角设置追踪"。

可以改变"自动追踪"显示对齐路径的方式，以及 AutoCAD 为对象捕捉追踪获取对象点的方式。默认情况下，对齐路径拉伸到绘图窗口的结束处。可以改变它们的显示方式以缩短长度，或使之没有长度。

对于对象捕捉追踪，AutoCAD 会自动获取对象的点。但是，也可以选择仅在按<Shift>键时才获取点，如图 1 - 52 所示。

（4）使用技巧

使用自动追踪（极轴捕捉追踪和对象捕捉追踪）时，采用一些技巧能使绘图变得更容易。

① 和对象捕捉追踪一起使用"垂足""端点"和"中点"对象捕捉，以绘制到垂直于对象端点或中点的点。

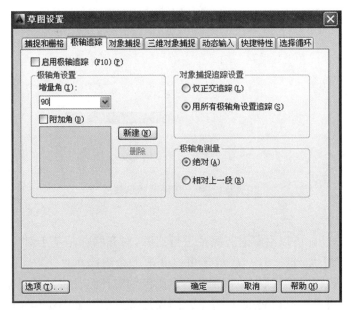

图 1-51 极轴追踪设置

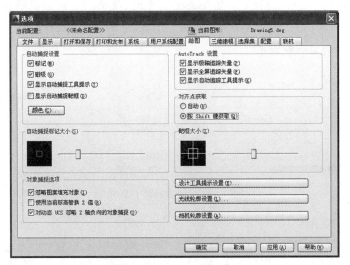

图 1-52 自动追踪设置

② 与临时追踪点一起使用对象捕捉追踪。在输入点的提示下,输入"tt",然后指定一个临时追踪点。该点上将出现一个小加号(+)。移动光标时,将相对于这个临时点显示自动追踪对齐路径。要将这点删除,请将光标移回到加号(+)上面。

③ 获取对象捕捉点之后,使用直接距离沿对齐路径(始于已获取的对象捕捉点)在精确距离处指定点。在提示下指定点的具体步骤为:先选择对象捕捉,移动光标显示对齐路径,然后在命令提示下输入距离即可。

④ 使用"选项"对话框的"绘图"选项卡中设置的"自动"和"按 Shift 键获取"选项管理点的获取方式。点的获取方式默认设置为"自动"。当光标距要获取的点非常近时,按下<Shift>键将暂时不获取对象点。

3. 鼠标配合键盘指定点

这种方法指定点,主要是通过鼠标指定点的位置,然后利用极轴追踪功能指定方向,在指定的方向上,通过键盘输入距离来确定关键点,相当于相对极坐标方式的另一种形式,但是要更方便和灵活一些,如图1-53所示。

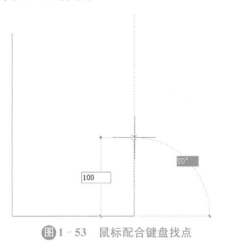

图 1-53　鼠标配合键盘找点

四、添加其他外部对象

在AutoCAD中,经常需要添加一些外部对象,这些外部对象都集成在"插入"菜单中,如图1-54所示。功能如块、参照、字段、其他图像,外部参照、超链接等。

通过这些外部对象,可以实现很多高级的实用的功能。其中在绘图阶段应用比较多的是"块"的使用。

1. 块的基本概念

块是图形对象的集合,通常用于绘制复杂、重复的图形。一旦将一组对象组合成块,就可以根据绘图需要将其插入到图中的任意指定位置,而且还可以按不同的比例和旋转角度插入。

块具有以下优点:

① 提高绘图速度;

② 节省存储空间;

③ 便于修改图形;

④ 加入属性。

2. 块的特征

图 1-54　插入"菜单"

块的应用目的是为了重复使用一些图形对象。块对象在CAD中具有这样一些特征:

① 具有独立的名称:每个块在创建时必须为其取名,否则不能进行创建。

② 是一个整体:块是一个整体对象,只要单击就可把其全部选中,在选中时只以虚线显示块的轮廓线,而不再显示夹点,要恢复到一般的二维图形需将其分解。

③ 具有插入点:块的特征点除去具备创建块之前的各种特征点以外,还具备"插入点",也就是在创建块时所拾取的基点。

3. 块的创建

块的创建是将选定的对象定义成块,命令:BLOCK。

单击"绘图"工具栏上的【创建块】按钮,或选择【绘图】→【块】→【创建】命令,或执行 BLOCK 命令,AutoCAD 弹出如图 1－55 所示的"块定义"对话框。

图 1－55　"块定义"对话框

创建块前必须有一个预备图形,在创建时把这个图形创建为块。对话框中,"名称"文本框用于确定块的名称。"基点"选项组用于确定块的插入基点位置。"对象"选项组用于确定组成块的对象。"设置"选项组用于进行相应设置。通过"块定义"对话框完成对应的设置后,单击"确定"按钮,即可完成块的创建。

4. 定义外部块

外部块是指将块以单独的文件保存,命令:WBLOCK。

执行 WBLOCK 命令,AutoCAD 弹出如图 1－56 所示的"写块"对话框。

图 1－56　"写块"对话框

对话框中,"源"选项组用于确定组成块的对象来源。"基点"选项组用于确定块的插入基点位置;"对象"选项组用于确定组成块的对象。只有在"源"选项组中选中"对象"单选按钮后,这两个选项组才有效。"目标"选项组确定块的保存名称、保存位置。

用 WBLOCK 命令创 8 建块后,该块以 dwg 格式保存,即以 AutoCAD 图形文件格式保存。

5. 插入块

插入块是指为当前图形插入块或图形,命令:INSERT。

单击"绘图"工具栏上的【插入块】按钮,或选择【插入】→【块】命令,或执行 INSERT 命令,AutoCAD 弹出如图 1-57 所示的"插入"对话框。

对话框中,"名称"下拉列表框确定要插入块或图形的名称。"插入点"选项组确定块在图形中的插入位置。"比例"选项组确定块的插入比例。"旋转"选项组确定块插入时的旋转角度。"块单位"文本框显示有关块单位的信息。通过"插入"对话框设置了要插入的块以及插入参数后,单击"确定"按钮,即可将块插入到当前图形(如果选择了在屏幕上指定插入点、插入比例或旋转角度,插入块时还应根据提示指定插入点、插入比例等)。

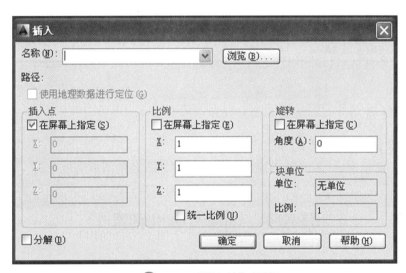

图 1-57　"插入块"对话框

6. 将另一个 dwg 文件作为块插入

在【插入】→【块】的操作中,还可以点击【浏览】按钮,打开一个以前绘制好并保存过的 *.dwg 文件作为块插入当前图形中,这为一个大的绘图项目提供了团队合作的可能。

7. 动态块

动态块具有非常强大的功能,可以根据不同的条件下生成不同的图形对象。动态块包含规则或参数,用于说明当块参照插入图形时如何更改块参照的外观。它具有灵活性和智能性。

用户可以使用动态块插入可更改形状、大小或配置的一个块,而不是插入许多静态块定义中的一个。例如如图 1-58 所示,用户可以创建一个可改变大小的门挡,而无须创建多种不同大小的内部门挡。

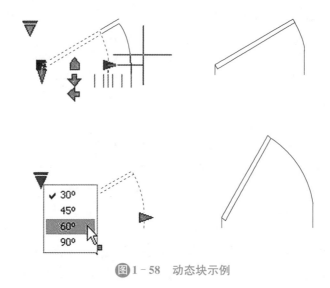

图 1-58 动态块示例

关于动态块的学习及使用方法,可参考网络资源或 AutoCAD 帮助系统。

通过以上办法,往文件里添加了各种图形对象或外部对象后,下一步需要对已经添加的图形对象进行修改,以达到用户的需求。因此需要掌握一定的修改技能。

 学后任务

1. 复习本节指定关键点的方法;
2. 绘制一简单图形(如矩形,圆形)创建成块,并插入其他图形文件中。

▶ 任务四　AutoCAD 图形的修改 ◀

 任务描述

本部分任务是学会对图形的选择和修改。

 知识、技能目标

掌握对象常见的选择方法,能对图形的属性进行修改。

 任务实现

图形的修改主要包括对图形的编辑及对图形属性的修改。对图形的修改功能主要集在"修改"菜单中。不管是对图形进行编辑也好,修改其属性也好,都需要先选择对象,因此掌握修改技能,首先需要掌握选择对象的技能。

一、对象的选择

具体如何最快捷、方便地利用 AutoCAD 所提供的选择工具快速地选中物体是快速编辑图形的关键。在 AutoCAD 提供的选择命令是读者可在 AutoCAD 的命令行,键入"SELECT"后回车,我们将看到各种选择实体的方法选项。AutoCAD 此时会提示"选择对象:",即要求用户选择要进行操作的对象,同时把十字光标改为小方框形状(称之为拾取框),此时用户应选择对应的操作对象。常用选择对象的方式如下:

1. 点选方式(默认)

通过鼠标或其他输入设备直接点取实体后,实体呈高亮度显示,表示该实体已被选中。

2. 框选方式

当命令行出现"选择对象:"提示时,如果将点取框移到图中空白地方并按住鼠标左键,AutoCAD 会提示:另一角,此时如果将点取框移到另一位置后按鼠标左键,AutoCAD 会自动以这两个点取点作为矩形的对角点,确定一个默认的矩形窗口。如果窗口是从左向右定义的,框内的实体全被选中,而位于窗口外部以及与窗口相交的实体均未被选中;若矩形框窗口是从右向左定义的,那么不仅位于窗口内部的对象被选中,而且与窗口边界相交的对象也被选中。事实上,从左向右定义的框是实线框,从右向左定义的框是虚线框。对于窗口方式,也可以在"选择对象:"的提示下直接输入"W"(windows)进入窗口选择方式,不过,在此情况下,无论定义窗口是从左向右还是从右向左,均为实线框。如果我们在"选择对象:"提示下输入"BOX",然后再选择实体,则会出现与默认的窗口选择方式完全一样。

3. 窗选方式

当提示"选择对象:"时,键入"C"(crossing),则无论从哪个方向定义矩形框,均为虚线框,均为交叉选择实体方式,只要虚线框经过的地方,实体无论与其相交或包含在框内,均被选中。

4. 组方式将若干个对象编组

当提示"选择对象:"时,键入"G"(group)后回车,接着命令行出现"输入组名:"在此提示下输入组名后回车,那么所对应的图形均被选取,这种方式适用于那些需要频繁进行操作的对象。另外,如果在"选择对象:"提示下,直接选取某一个对象,则此对象所属的组中的物体将全部被选中。

5. 前一方式

利用此功能,可以将前一次编辑操作的选择对象作为当前选择集。"选择对象:在"提示下键入"P"(previous)后回车,则将执行当前编辑命令以前最后一次构造的选择集作为当前选择集。

6. 最后方式

利用此功能可将前一次所绘制的对象作为当前的选择集。在"选择对象:"提示下键入"L"(last)后回车,AutoCAD 则自动选择最后绘出的那一个对象。

7. 全选方式

利用此功能可将当前图形中所有对象作为当前选择集。在"选择对象:"提示下键入"ALL"(注意:不可以只键入"A")后回车,AutoCAD 则自动选择所有的对象。

8. 不规则框选方式

在"选择对象："提示下输入"WP"（wpolygon）后回车，则可以构造一任意闭合不规则多边形，在此多边形内的对象均被选中（读者可能会注意到，此时的多边形框是实线框，它就类似于从左向右定义的矩形窗口的选择方法）。

9. 不规则窗选方式

在"选择对象："提示下键入"CP"（cpolygon，交叉多边形）并回车，则可以构造一任意不规则多边形，在此多边形内的对象以及一切与多边形相交的对象均被选中（此时的多边形框是虚线框，它就类似于从右向左定义的矩形窗口的选择方法）。

10. 栏选方式

该方式与不规则交叉窗口方式类似（显示为虚线），但它不用围成一封闭的多边形，执行该方式时，与围线相交的图形均被选中。在"选择对象："提示下输入"F"（fence）后即可进入此方式。

11. 减选方式

在此模式下，我们可以让一个或一部分对象退出选择集。在"选择对象："提示下键入"R"（remove）即可进入此模式。

12. 加选方式

在减选模式下，即"删除对象："提示下键入"A"（add）并回车，AutoCAD 会再提示："选择对象："则返回到加选模式。

13. 多选方式

同样，要求选择实体时，输入"M"（multiple），指定多次选择而不高亮显示对象，从而加快对复杂对象的选择过程。如果两次指定相交对象的交点，"多选"也将选中这两个相交对象。

14. 单选方式

在要求选择实体的情况下，如果我们只想编辑一个实体（或对象），我们可以输入"SI"（single）来选择我们要编辑的对象，则每次只可以编辑一个对象。

其他还有交替选择对象、快速选择和用选择过滤器选择等，这些功能不太常用，可参考相关的资料。

二、图形的编辑

图形的编辑需要输入编辑命令，然后根据提示信息选择对象，输入参数或指定点。常用的编辑命令有：

删除（ERASE 或 DELETE）、移动（MOVE）、旋转（ROTATE）、复制（COPY）、镜像（MIRROR）、阵列（ARRAY）、偏移（OFFSET）、比例（SCALE）、切断（BREAK）、连接（JOIN）、倒角（CHAMFER）、圆角（FILLET）、修剪（TRIM）、延伸（EXTEND）、分解（EXPLODE）、拉伸（STRETCH）、编辑多段线（EDITPLINE 或 PEDIT）等。对于这些常用编辑命令的使用见项目三。

三、图形的属性修改

AutoCAD 采用了"一切皆为对象"的设计思想。在软件应用中采用了这样的思想去学习,有助于对工作任务的理解。

我们可以把 AutoCAD 中的各个图形元素称为对象,经过绘图阶段工作后,添加了各种各样的对象。然后需要进一步对这些对象的属性进行查看并修改。

譬如我们画了圆、直线等对象,可以通过特性面板来了解这些对象的属性,譬如圆的圆心位置、半径、周长、面积、线宽、线型,如图 1 - 59 所示。

同时,也可以通过特性面板来修改相应的属性。

特性面板的打开可以通过菜单的:【工具】→【选项板】→【特性】或通过快捷键"<Ctrl>+<1>"来打开。或者通过命令 PROPERTIES 来打开。

对于对象的一些简单属性的修改可以通过"特性工具栏"来修改。如图 1 - 60 所示。"特性工具栏"可修改选中对象的颜色、线型、线宽等。

图 1 - 59　特性面板

图 1 - 60　特性工具栏

学后任务

1. 复习本节的对象选择方法;
2. 查看图形属性,利用"特性工具栏"修改图形的简单属性。

▶ 任务五　AutoCAD 图形的标注 ◀

任务描述

本部分任务是学会图纸标注的定义、使用和修改。

知识、技能目标

掌握标注样式的基本设置,能利用标注样式对图形进行标注。

任务实现

　　设计制图的目的是为了与其他人员进行交流。图纸经过绘制及修改后,建筑元素可以在图纸上得到体现,下一步就是要对图纸进行文字及标注说明,使阅读图纸的人能够读懂图纸。常用文字、表格及标注的使用主要包括定义、使用和修改三部分内容。

一、标注的定义与使用

　　标注样式是标注设置的命名集合,可用来控制标注的外观,如箭头样式、文字位置和尺寸线等。用户可以创建标注样式,以快速指定标注的格式,并确保标注符合行业或项目标准。
　　选择菜单【格式】→【标注样式】启动"标注样式管理器",如图 1 - 61 所示。

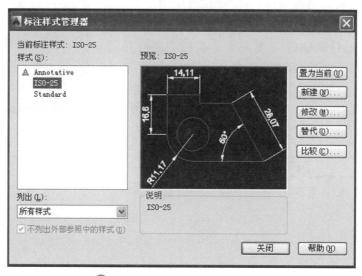

图 1 - 61　"标注样式管理器"对话框

　　点击新建按钮,在弹出的"创建新标注样式"对话框中的"新样式名"中填写自定义的样式名称,如"建筑",并点击【继续】按钮,如图 1 - 62 所示。

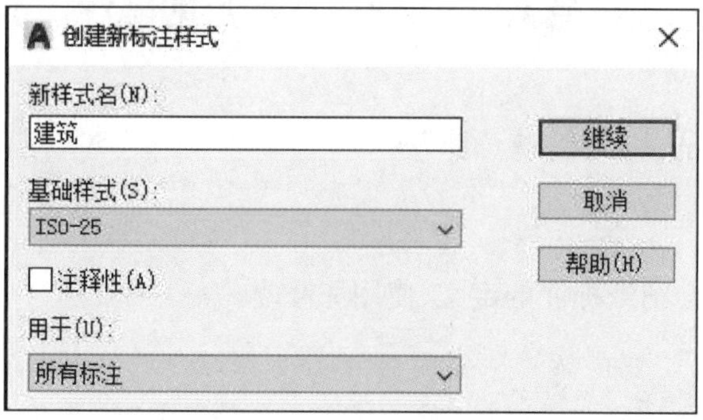

图 1 - 62　"创建新标注样式"对话框

　　在"新建标注样式"对话框中,包括线、符号和箭头、文字、调整、主单位、换算单位、公差七项,其中建筑中常用的标注只与前五项有关。如图 1 - 63 所示。

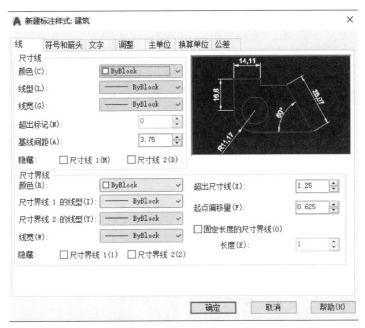

图1-63　标注样式定义界面

根据经验,一般来说可以从以下几个步骤入手,进行建筑标注样式的定义。

1. 调整主单位

由于建筑施工图一般都精确至毫米,因此在此需要将主单位精度改为0,如图1-64所示。

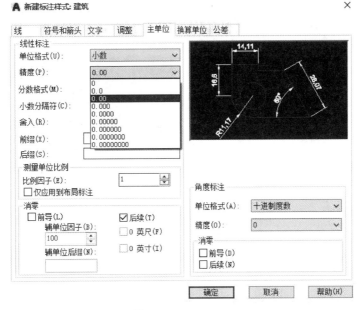

图1-64　调整主单位

2. "调整"选项卡设置

在"调整"选项卡中,选择"文字始终保持在尺寸界限之间",文字位置根据个人爱好选择位置及是否带引线。其他不需要修改,如图1-65所示。

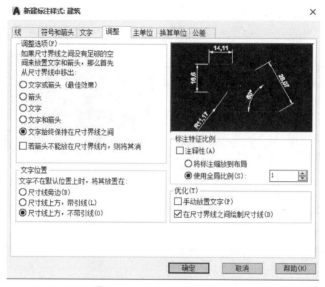

图 1-65　"调整"选项卡设置

3."文字"选项卡设置

"文字"选项卡是标注样式定义的基础,符号和箭头的定义及线的定义都以文字高度为参考。

一般来说,在建筑专业图纸中,文字的高度和墙体的宽度比较接近,譬如建筑图中的墙为240墙体或370墙体,那么文字的高度即为300左右。从尺寸线偏移值决定了文字和尺寸线之间的距离,一般设为中文文字高度的1/3左右,即设为100,其他选项如图1-66所示。

图 1-66　标注样式中文字的定义

4."符号和箭头"选项卡设置

"符号和箭头"选项卡的设置主要修改箭头的大小和样式,在建筑标注样式中,需要修改箭头样式为"建筑标记",同时修改箭头大小为文字大小的一半左右,即150。其他选项采用默认值,如图1-67所示。

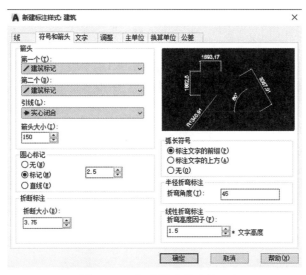

图 1-67　标注样式箭头的定义

5. "线"选项卡设置

"线"选项卡设置主要包括尺寸线的定义和尺寸界线的定义。如果用图层来组织图形的话,尺寸线和尺寸界线的颜色、线型和线宽属性都需要定义为随层(ByLayer)。

基线间距为两条尺寸线之间的距离,间距一般设为文字高度的二倍比较美观,在此设置为 600。

尺寸界线需要修改超出尺寸线的值及起点偏移量。超出尺寸线的值一般设为文字高度的 1/3 到 1/2 比较美观,在此设为 100。起点偏移量是尺寸界线起点与标注点之间的间距,如果设置太小,会感觉标注的尺寸界线与图形连为一体,影响读图效果。另外由于图形的复杂性,可能标注起点不在一条线上,往往会导致尺寸界线的不整齐。因此,往往采用"固定长度的尺寸界线",并输入尺寸界线长度,一般设为文字高度的 3 倍左右,在此设为 900,如图 1-68 所示。至此标注样式定义完成。

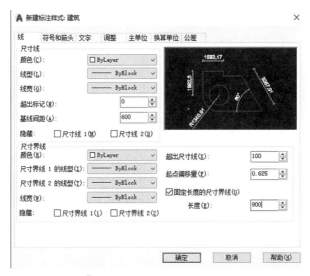

图 1-68　标注样式中线的定义

二、标注样式的使用

标注样式的使用即是采用定义好的标注样式，采用"标注"菜单中提供的标注功能对对象进行标注。对建筑施工图纸进行标注的时候，使用最多的是线性标注、基线标注和连续标注的配合使用。

对标注的修改，往往指修改标注的文字的位置，甚至标注的尺寸。

对标注文字位置的修改可以通过拖动的方式进行改动。

对标注数字的修改，一般由于标注数字是由系统自动计算出的，应尊重图形实际大小，如果出现标注尺寸与设计意图不合的情况，应该修改图形，或者检查标注界限的起点。如果实在需要，可将标注分解为线段与文字，然后对文字进行编辑修改。

 学后任务

1. 按照本节内容设置 AutoCAD 的标注样式；
2. 尝试对一些简单图形进行标注。

▶ 任务六 AutoCAD 图形的打印 ◀

 任务描述

本部分任务是学会图形文件的打印设置。

 知识、技能目标

掌握模型空间中打印的各项设置，能进行布局窗口的打印设置，顺利完成图形文件的输出。

 任务实现

一、操作详解

图形经过设置、绘制、修改与说明几个环节后，基本可以提交审图，此时需要将图形文件进行保存，或者打印到图纸上进行交流使用，因此打印技能也是必须掌握的。在此介绍几种常用打印方法。

对图形进行打印的时候，可以采用在模型空间中绘制图框并直接打印，也可以采用布局窗口进行打印。

在模型空间中进行打印的时候，需要进行一些设置，如图 1-69 所示。

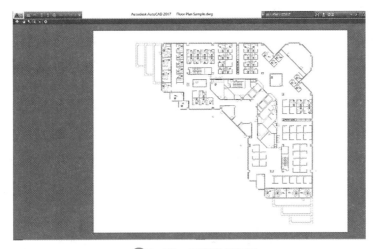

图1-69　打印机设置

1. 选择打印机

我们需要在打印机选项里选择合适的打印机。Windows也提供了默认的虚拟打印机。不过由于驱动的不同,打印的效果与实际效果会有所不同,也可选择打印到文件,打印成*.plt的文件。plt文件是打印文件,可以发送到打印机中直接用来打印,能解决远程图纸打印问题,一般多用于工程图纸中。

2. 选择输出的图纸尺寸

根据输出目标选择标准图纸,如在此选择A3图纸。

3. 设置打印范围

在开始绘图的时候,我们进行图形界限设置的时候,定义图形界限的标准就是按1∶1的比例大于图形及采用标准图纸的比例,为的是在输出的时候能有更合理的布局。

在此,我们需要定义打印区域,选择【窗口】按钮,指定图框的对角点,即可确定打印范围,在"打印偏移"中选择"居中打印",在"打印比例"中选择"布满图纸"。图纸方向根据需要选择"纵向"或"横向",然后确定,出现图1-70所示界面。

图1-70　打印示例界面

4. 打印样式表

图形在采用黑白打印机输出的时候，由于黑白打印机输出的是颜色的灰度值，因此浅色的对象在输出的时候颜色变得很淡，影响出图效果。

最直接的解决办法是修改"打印样式表"，在打印样式表中将各种输出时颜色都变为不同浓淡的黑色。操作办法如下：

在打印样式表中选择 acad.ctb。如图 1－71 所示。

图 1－71　打印样式选择示例

然后点击样式列表右边的按钮，出现"打印样式表编辑器"对话框。按＜Shift＞键选择对话框左侧的所有颜色，在特性中的颜色选中"黑色"，则在输出的时候，会将拥有左边的所有颜色的对象输出为黑色，如图 1－71 所示。其他的线宽、线型都可以通过图 1－71 所示的打印样式表进行定义。最终输出即为我们想要的效果。

二、操作步骤

1. 运行 AutoCAD 2017，打开素材文件"某住宅一层平面图.dwg"文件，工作空间设置为"二维草图与绘制"，在软件界面中显示菜单栏。

2. 执行【文件】→【页面设置管理器】命令，打开"页面设置管理器"对话框，以下将在该对话框内对打印的基本数据进行设置。

➢ 提示：进入"输出"选项卡，在"打印"面板内单击"页面设置管理器"按钮，也可以打开"页面设置管理器"对话框。

3. 在"页面设置管理器"对话框内的显示窗内显示当前页面，现在尚未进行设置，单击【修改】按钮，打开"页面设置"对话框。

4. 在"打印机/绘图仪"选项组内的可以选择打印机或绘图仪的类型，在"名称"下拉式选项栏内选择本电脑安装的打印机。

5. 单击【特性】打开"绘图仪配置编辑器"对话框，进行配置调整。

6. 在"图纸尺寸"下拉式选项栏内可以选择图纸的尺寸，在该下拉式选项栏内选择 A4

选项,使用 A4 纸打印。

7. 单击图 1-72 右下方箭头,打开打印样式表,在"着色视口"选项组内的"质量"下拉式选项栏内的选项,决定渲染质量,可以根据实际的需要选择相应选项,如果是普通打印,选择"常规"选项;如果是观察打印整体效果或检查打印机效果等对打印质量要求不高的情况,可以选择"草图"或"预览"选项;如果对打印质量要求较高,可以选择"演示"或"最高"选项;也可以自定义打印质量。

图 1-72 打印模型对话框

8. 在"图形方向"选项组内可以选择打印图纸的方向,由于本实例绘制的图纸为横向的,所以选择【横向】按钮。在"打印范围"下拉式选项栏内为设置打印范围的选项,选择"窗口"选项后,可以打印指定的图形的任何部分。单击【窗口】按钮,可以指定打印区域的对角或输入坐标值。

9. 首先使用输入坐标轴的方式来设置范围,该方法适合打印掌握了标准数据的图纸,单击【窗口】按钮,进入"窗口"预览模式,在命令行会显示"指定第一个角点"提示符,然后指定第一个角点。

10. 此时在命令行会出现"指定对角点"提示符。再在其中指定对角点。完毕后按下<Enter>键,并退出"窗口"预览模式。

11. 此时会返回到"页面设置管理器"对话框中,单击【预览】按钮,可以进入"预览"模式,预览打印效果,可发现只能打印选择范围以内的图形。

12. 一般选择居中打印,在打印比例中选择布满图纸或者自定义比例,最后进入"预览"模式逐步进行调整,按确定键进行打印。

 学后任务

打开素材文件"某住宅一层平面图.dwg"文件,以"图形界限"模式、"范围"模式打印图形,并输出 plt 文件。

项目二　AutoCAD 基本图形的绘制

学习目标

☆ 本项目以建筑施工图中常见的简单图形绘制为任务,通过这些任务的完成,读者可掌握 AutoCAD 基本图形绘制命令的使用和方法,以及图案填充、文本输入、表格等有关图形绘制的基础知识和使用技能。

☆ 重点掌握命令的快速输入,命令行操作的相关选项设置以及点、直线、多段线、多线、样条曲线、矩形、正多边形、圆、椭圆等组成二维图形的基本构成要素的绘制。

☆ 学会利用基本知识和技能独立完成提供的其他相关任务。

具体任务

1. 指北针的绘制;

2. 门窗的绘制;

3. 洗手面盆的绘制;

4. 柱截面配筋图的绘制;

5. 弧形指示箭头的绘制;

6. 建筑图纸中标签的制作。

图 2-2　绘图菜单

绘图菜单是绘制图形最基本、最常用的办法,选择该菜单中的命令和子命令,可以绘出相应的图形,如图 2-1 所示。实际上,使用工具栏绘图按钮可以更快地绘制相应的图形,如图 2-2 所示。

图 2-1　绘图菜单

1. 命令的执行

AutoCAD 的操作过程由 AutoCAD 命令控制,常用以下三种方法调用 AutoCAD 命令:

（1）命令行:即在命令行的"命令:"提示后输入命令的字符串,注意在英文输入法下输入,不区分大小写。

（2）菜单栏:单击菜单栏中的命令,注意观察命令行的提示,进行相应的操作。

（3）工具栏:单击工具栏的对应图标,按照命令行的提示,进行相应的操作。

2. 命令的重复

重复执行上一条命令:执行一个命令,然后单击＜Enter＞或＜Space＞

键,再单击鼠标右键,在弹出的快捷菜单中选择第一项"重复…",如**重复LINE(R)**所示。

重复执行最近输入的命令:在绘图区中单击鼠标右键,在弹出的快捷菜单中选择"最近输入"进入下级菜单中,选择之前执行过的命令。

3.命令的终止、放弃和重做

在命令执行过程中需要对命令进行终止操作,可以使用单击<Esc>键。也可选择【编辑】→【放弃】命令,如图 **↰放弃(U)** 所示,或在命令行输入"UNDO"后按<Enter>键结束。

恢复前面几个用 UNDO 或 U 命令放弃的效果,菜单:选择【编辑】→【重做】命令,如图 **↷重做(R)** 所示。在命令行:输入"REDO"后按<Enter>键结束,快捷键:<Ctrl>+<Y>。

任务一

▶ 任务一　指北针的绘制 ◀

指北针的绘制

 任务描述

本部分任务在掌握基本图形绘制方法的基础上,完成指北针的绘制。

 知识、技能目标

掌握基本图形圆、线、图案填充、渐变色填充等绘图方法,能进行独立的设置和操作。

 任务实现

一、命令详解

1.圆(CIRCLE)

圆是常见的图形对象,可以在建筑制图中表示轴线编号、详图编号等。AutoCAD 提供了6种绘制圆的方法,包括"圆心、半径""圆心、直径""两点""三点""相切、相切、半径"及"相切、相切、相切"。

命令调用方式:

(1)菜单:选择【绘图】→【圆】命令 **圆(C)**,从下拉菜单中选择一种绘制圆的按钮。

(2)"常用"选项卡:单击"绘图"面板中的 ⊘▼ 图标,从下拉菜单中选择一种绘制圆的按钮。

(3)命令行:输入"CIRCLE"或单击<C>键,然后按<Enter>结束。

6种绘制圆的方法意义如下:

➢ 圆心、半径⊘

该命令是通过指定圆的圆心和半径来绘制圆。

➢ 圆心、直径⊘

该命令是通过指定圆的圆心和直径来绘制圆。

➤ 两点◯

该命令是通过指定圆直径上的两个端点来绘制圆,且两点距离为圆的半径。

➤ 三点◯

该命令是通过指定圆上 3 个点来绘制圆。

➤ 相切、相切、半径◯

该命令是通过指定圆的半径,绘制一个与两个对象相切的圆。在绘制过程中,需要先指定相切的两个对象,再指定所绘制圆的半径。

➤ 相切、相切、相切◯

该命令是通过指定与圆相切的 3 个对象,可以确定相切于这 3 个对象的圆。

2. 直线(LINE)

直线是最简单、常用的图形。

命令调用方式:

(1) 菜单:选择【绘图】→【直线】命令,如图 ╱ 直线(L) 所示。

(2) 工具栏:单击面板中的 ╱ 图标。

(3) 命令行:输入"LINE"或"L"并按<Enter>键,在命令行出现如下命令:

LINE 指定第一点://可以用上述直线绘制方法,以输入坐标或输入距离的方式,在绘图区确定第一点。

输入后按<Enter>键结束。在命令行中出现如下命令:

指定下一点或 [放弃(U)]:

指定下一点或 [闭合(C)/放弃(U)]:

指定下一点//以输入坐标的方式或输入距离的方式来确定直线下一点的位置

放弃(U)//当单击键盘的 U ,表示放弃和取消前一点的坐标设置

闭合(C)//当单击键盘的 U ,表示将直线闭合

3. 图案填充(HATCH)

在绘制图形时,经常需要将图形内部进行图案的填充,AutoCAD 为用户提供了"图案填充"命令,可以按照用户的要求进行填充。

命令调用方式:

(1) 菜单:选择【绘图】→【图案填充】命令 ▨ 图案填充(H) 。

(2) 命令行:输入"HATCH"后按<Enter>键。

(3) 常用选项卡:在"绘图"面板中单击【图案填充】按钮 ▨ 。

使用该命令后将弹出"图案填充"对话框,如图 2 - 3 所示。

"图案填充"对话框中各选项作用如下:

(1) 类型和图案

类型:设置图案类型,包括"预定义""用户定义"和"自定义"3 种类型的图案可供用户选择、定义和使用。

预定义:AutoCAD 软件自身提供的图案类型,可以从软件自带的"acad.pat"或"acadiso.pat"文件中调用。

图 2 - 3　图案填充对话框

用户定义：图案基于图形中的当前线型来临时定义的图案。

自定义：允许从其他 PAT 文件中指定一种定义的图案。

图案：列出可用的预定义图案。最近使用的 6 个用户预定义图案出现在列表顶部。该选项只有在"类型"设置为"预定义"时才可以使用。单击其后方的【填充图案选项】 … 按钮，将显示"填充图案选项板"对话框，从中可以查看所有预定义图案的预览图像。

样式：显示已选定图案的预览图像。当单击该选项时显示"填充图案选项板"对话框。

自定义图案：列出可用的自定义图案。该项只有在"类型"设置为"自定义"时才可以使用。

（2）角度和比例

对于选定填充图案的角度和比例进行设置。

角度：指定填充图案的旋转角度，每种图案在定义时初始角度为 0。

比例：设置图案填充的比例，每种图案在定义时初始比例为 1，可根据用户需要进行放大或缩小。在"类型"设置为"用户定义"时该项不可用。

双向：将绘制第二组直线，这些直线与原来的直线成 90°角，从而构成交叉线。在"类型"设置为"用户定义"时才可以使用。

相对图纸空间：相对于图纸空间单位缩放填充图案。

间距：指定用户定义图案中平行线间的间距。在"类型"设置为"用户定义"时才可使用。

ISO 笔宽：设置视图中 ISO 相关的图案的填充笔宽。"类型"设置为"预定义"，并将"图案"设置为可用的 ISO 图案时才可使用。

（3）图案填充原点

控制填充图案生成的起始位置。某些图案填充（例如砖块图案）需要与图案填充边界上的一点对齐。默认情况下,所有图案填充原点都对应于当前的 UCS 原点。

使用当前原点:默认情况下,原点设置为(0,0)。

指定的原点:指定新的图案填充原点。选中该项下面的命令选项方可使用。

▣单击以设置新原点:指定新的图案填充原点。

默认为边界范围:根据图案填充对象边界的矩形范围计算新原点。可以选择该范围的4 个角点及其中心。

存储为默认原点:将新图案填充原点的值存储在 HPORIGIN 系统变量中。

原点预览:显示原点的当前位置。

（4）边界

在给绘制的图形进行各种填充时,需要确定对象的填充边界,其中包括添加、删除、创建边界、查看选择集等命令。下面对于各选项进行讲解。

▣添加:拾取点:移动光标指定构成封闭区域的对象来确定边界。

▣添加:选择对象:移动光标指定构成封闭区域的单个或多个对象来确定边界。

▣删除边界:删除之前添加的边界对象。

▣重新创建边界:选定的图案填充或填充对象创建多段线或面域,并使其与图案填充对象相关联（可选）。

▣查看选择集:查看定义的填充边界,选用该项命令后暂时关闭"图案填充和渐变色"对话框,显示当前定义的边界。如果未定义边界,则此选项不可用。

（5）选项

选项命令栏是控制常用的图案填充或填充选项,功能如下。

注释性:用于对填充图形加以注释的特性。

关联:设置图案填充或渐变填充的关联。关联的图案填充或渐变填充在用户修改样式后,边界填充将随之更新。

创建独立的图案填充:指定了几个单独的闭合边界时,是创建单个图案填充对象,还是创建多个图案填充对象。

绘图次序:为图案填充或填充指定绘图顺序。图案填充可以放在所有其他对象之后或之前、图案填充边界之后或图案填充边界之前。

继承特性▣:将现有图案填充或填充对象的特性应用到将要填充的对象。

图层、透明度设置为"使用当前项"即可。

（6）孤岛

在进行图案填充时,通常将位于一个已定义好的填充区域内的封闭区域称为孤岛。孤岛是在几个相互嵌套的封闭图形之间会产生的现象,主要指定是否将最外层边界内的对象作为边界对象,如一个矩形内部嵌套着椭圆,椭圆内又嵌套着另一个矩形……单击"图案填充和渐变色"对话框右下角的按钮,将显示更多选项,可以对孤岛和边界进行设置,如图 2 - 4 所示。在图案填充的高级选项卡中可以设置要不要孤岛。

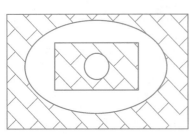

图 2 - 4 孤岛填充图例

（7）预览

单击该按钮将关闭"图案填充和渐变色"对话框，显示当前设置填充的边界效果，按<Enter>键或单击鼠标右键确定填充效果，否则将返回"图案填充和渐变色"对话框重新设置。如果没有预先定义边界或填充对象，该项不可用。

4. 渐变色填充（BHATCH）

渐变色填充可以使填充的图形出现颜色过渡效果，它是一种实体填充。可以用渐变色填充使图形模仿真实实体。

命令调用方式：

（1）菜单：选择【绘图】→【渐变色】命令 渐变色。

（2）命令行：输入"BHATCH"后按<Enter>键，在打开的对话框中再单击【渐变色】。

（3）常用选项卡：在"绘图"面板中单击【渐变色】填充按钮。

使用上述命令后将弹出"图案填充和渐变色"对话框，如图 2-5 所示。

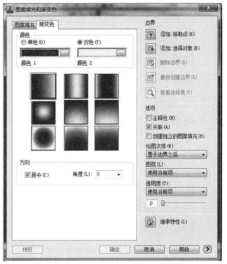

图 2-5　"图案填充和渐变色"选项卡

"图案填充和渐变色"填充对话框中各选项的作用：

（1）颜色：设置单色填充或双色填充。

（2）单色：指定使用从较深着色到较浅色调平滑过渡的单色填充，其后方的 按钮可设置索引颜色、真彩色、配色系统类型的填充模式，用户可以从其中自选颜色进行填充。"明、暗滑块"：指定一种颜色的渐变（选定颜色与白色的混合）或着色（选定颜色与黑色的混合），用于渐变填充。

（3）双色：指定在两种颜色之间平滑过渡的渐变填充，当选择该项后出现"颜色 1""颜色 2"选框设置颜色。

（4）方向：指定渐变色的角度及其是否对称。

（5）居中：指定对称的渐变色。

（6）角度：指定渐变填充的角度。

5. 填充图案的编辑

"编辑图案填充"用于修改现有图案的填充对象。

调用图案填充编辑命令后，根据命令行的提示选择要编辑的对象，系统将打开"图案填充编辑"对话框。在该对话框中进行相应的设置后单击"确定"按钮即可。

命令调用方式：

（1）菜单：选择【修改】→【对象】→【编辑图案填充】命令 图案填充(H)。

（2）"常用"选项卡：单击"修改"面板下拉列表中的【编辑图案填充】按钮。

（3）工具栏：选择【修改 II】→【对象】→【编辑图案填充】命令。

（4）命令行：输入"HATCHEDIT"后按<Enter>键。

输入"HATCHEDIT"，命令行中出现如下命令：

选择图案填充对象:(选择预先指定的图案)

随后打开"图案填充编辑"对话框进行设置图案的各种选项。

二、操作步骤

指北针的绘制及 AutoCAD 步骤示例。

指北针如图 2-6 所示,圆的直径 24 mm,尾部宽度 3 mm。

命令:_circle

指定圆的半径或 [直径(D)] <24.0000>:D

指定圆的直径 <48.0000>:24

命令:_line

指定第一个点:

指定下一点或 [放弃(U)]: <正交 开>//画出竖直的那条直径

命令:_line

指定第一个点://选定直径下端点

指定下一点或 [放弃(U)]:@1.5,0

指定下一点或 [放弃(U)]:@-3,0//找到了宽度为 3mm 的尾部的两个点,并以这两点为端点,绘制两条与直径平行的线,找到与圆的交点,并将这两个交点依次与直径上部端点相连

命令:_.erase 找到 1 个//重复此项命令,删掉所有的辅助线

命令:_hatch

拾取内部点或 [选择对象(S)/设置(T)]:正在选择所有对象...

正在选择所有可见对象...

正在分析所选数据...

正在分析内部孤岛...

拾取内部点或 [选择对象(S)/设置(T)]:＊取消＊

(指北针绘制完成)

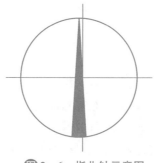

图2-6　指北针示意图

 学后任务

完成以下图示的操作练习:

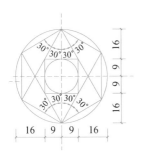

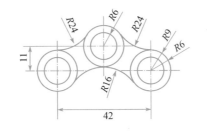

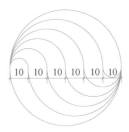

任务二　门窗的绘制

门窗的绘制

任务描述

本部分任务在掌握基本图形绘制方法的基础上，完成剖切门窗的绘制。

知识、技能目标

掌握基本图形点、直线等绘图方法，能进行点样式的设置、定数、定距等分的操作。

任务实现

一、命令详解

1. 点（POINT）

（1）"单点"的命令调节方式：

① 菜单：选择【绘图】→【点】→【单点】命令，如图　单点(S)　所示。

② 命令行：输入"POINT"或"PO"，然后按<Enter>键，在绘图区创建一个"单点"。

③ 工具栏：单击【点】→【单点】按钮。

（2）"多点"的命令调节方式：

① 菜单：选择【绘图】→【点】→【多点】命令，如图　• 多点(P)　所示。

2. 点的样式

有时点可用于标记等分，可以设置点的样式等进行辅助绘制图形，AutoCAD 提供 20 种点样式可供用户选择。

命令调用方式：

（1）菜单：选择【格式】→【点样式】命令，如图　点样式(P)　。

（2）命令行：输入"DDPTYPE"，然后按<Enter>键结束。

点大小：设置点的显示大小。可以相对于屏幕设置点的大小，也可以用绝对单位设置点的大小。

相对于屏幕设置大小:按屏幕尺寸的百分比设置点的显示大小。当进行缩放时,点的显示大小并不改变。

按绝对单位设置大小:按"点大小"下指定的实际单位设置点显示的大小。当进行缩放时,显示的点大小随之改变。

3. 定距等分(MEASURE)

定距等分是将指定对象按照距离进行等分,等分点可以被图块替代,也可以作为辅助绘制图形的点。

命令调用方式:

(1) 菜单:选择【绘图】→【点】→【定距等分】命令,如图 ⚹ 定距等分(M) 所示。

(2) 命令行:输入"MEASURE"或"ME"并按<Enter>键结束后,出现如下命令:

选择要定距等分的对象:

鼠标变为"□"后在绘图区拾取对象,出现如下命令:

指定线段长度或[块(B)]:

输入数值 N,然后按<Enter>键结束,将该对象等分。

"定距等分"的特点是:

将对象进行 N 等分后线段上出现 N 个点,对象变为 N+1 段。被定距等分的对象最后一段的距离长度与指定的等分距离相等。

4. 定数等分(DIVIDE)

定数等分是将指定对象按照距离进行平均等分,等分点可以被图块替代,也可以作为辅助绘制图形的点。

命令调用方式:

(1) 菜单:选择【绘图】→【点】→【定数等分】命令,如图 ⚹ 定数等分(D) 所示。

(2) 命令行:输入"DIVIDE"或"DIV"并按<Enter>键结束后,出现如下命令:

选择要定数等分的对象:

鼠标变为"□"后在绘图区拾取对象,出现如下命令:

输入线段数目或[块(B)]:

输入数值 N,按<Enter>键结束后,将该对象等分。

定数等分的特点是:将对象进行 N 等分后线段上出现 N-1 个点,对象变为 N 段。被定数等分的对象最后一段的距离长度与指定的等分距离相等。

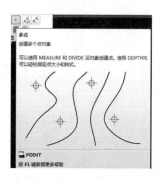

图 2-7 等分示意图

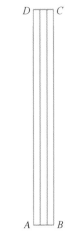

图 2 - 8　被剖切的门

二、操作步骤

绘制被剖切的门，建筑剖面图中，经常用到被剖切的门，如图 2 - 8 所示，绘制步骤如下：

① 打开状态栏"正交模式"，单击面板中的 图标，指定第一点：（可以用上述直线绘制方法，以输入坐标或输入距离的方式，在绘图区确定第一点 A），提示如下：

指定下一点或 [闭合(C)/放弃(U)]：@200,0（标记为 B 点）

指定下一点或 [闭合(C)/放弃(U)]：@0,2000（标记为 C 点）

指定下一点或 [闭合(C)/放弃(U)]：@-200,0（标记为 D 点）

指定下一点或 [闭合(C)/放弃(U)]：C

② 选择【绘图】→【点】→【定距等分】命令；鼠标在绘图区拾取对象边 CD

输入线段数目或 [块(B)]：3

同理在 AB 做同样的等分点，用直线连接相应的等分点即可。

学后任务

完成以下图示的操作练习：

门尺寸为 1400 mm×2000 mm，窗棂宽 120 mm；窗尺寸为 1400 mm×1600 mm，窗棂宽 60 mm。

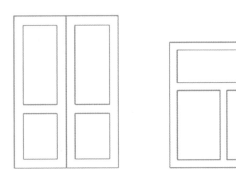

　任务三　洗手面盆的绘制　◀

任务描述

本部分任务在掌握基本图形绘制方法的基础上，完成卫生洁具洗手面盆的绘制。

任务三

洗手面盆的绘制

知识、技能目标

掌握椭圆与椭圆弧的使用方法,能运用椭圆和椭圆弧进行绘制卫生洁具、镜子等图形。

 任务实现

一、命令详解

1. 椭圆和椭圆弧(ELLIPSE)

椭圆命令调用方式:

(1) 菜单:选择【绘图】→【椭圆】命令,从下拉菜单中选择一种绘制椭圆的选项。

(2) "常用"选项卡:单击"绘图"面板中的 图标,从下拉菜单中选择一种绘制椭圆的选项。

(3) 命令行:输入"ELLIPSE"后按<Enter>键。

椭圆弧命令调用方式:

(1) 菜单:单击【绘图】→【椭圆】→【圆弧】菜单中的 圆弧(A) 按钮。

(2) "常用"选项卡:在"绘图"面板中单击 图标,从下拉菜单中选择绘制椭圆弧的选项。

(3) 命令行:输入"ELLIPSE"后按<Enter>键。

椭圆的绘制:

椭圆被认为是一个方向拉伸或压缩的圆,经常在制图中使用。

下面首先介绍椭圆的绘制方法。

绘制椭圆的方法有两种。

(1) 圆心(中心点):指定椭圆中心、一个轴的端点以及另一个轴的半轴长度绘制椭圆。

(2) 轴、端点:指定一个轴的两个端点和另一个轴的半轴长度绘制椭圆。

下面根据不同选项来介绍绘制椭圆的过程。

在命令行输入"ELLIPSE"后按<Enter>键,命令的执行分以下几种情况。

(1) 用"轴、端点"方式绘制椭圆

在命令中输入"ELLIPSE",然后按<Enter>键。

指定椭圆的轴端点或[圆弧(A)中心点(C)]://指定椭圆第一条轴的第一个端点

指定轴的另一个端点://指定该轴的第二个端点

指定另一条半轴长度或[旋转(R)]://指定另一条半轴长度,拾取短轴的端点

在上述命令提示中若不拾取点,而输入 R,则 AutoCAD 提示:

指定另一条半轴长度或[旋转(R)]:R

指定绕长轴旋转的角度://输入角度值

旋转(R)://输入旋转角度

根据系统提示输入角度后,可得到以指定中心为圆心,轴线端点与中线的连线为半径的圆,此圆指定轴线旋转输入角度后,在平面上绘制出椭圆。

（2）用"圆心"（中心点）方式绘制椭圆

选择菜单【绘图】→【椭圆】→【圆心】命令，或在命令行中输入"ELLIPSE"，然后按＜Enter＞键，出现如下命令：

指定椭圆的中心点：//指定椭圆的中心点

制定轴的端点：//指定轴的端点

指定另一条半轴长度或［旋转（R）］：//指定另一条半轴长度

二、操作步骤

用椭圆、椭圆弧等知识绘制面盆，如图2-9所示。

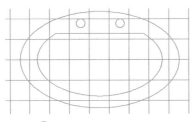

图2-9 洗手面盆示意图

使用椭圆、直线、圆、镜像等功能绘制以上图形，提示如下：

命令：_ellipse

指定椭圆的轴端点或［圆弧（A）/中心点（C）］：//指定椭圆第一条轴的第一个端点

指定轴的另一个端点：//指定该轴的第二个端点

指定另一条半轴长度或［旋转（R）］：//指定另一条半轴长度，拾取短轴的端点

命令：_ellipse

指定椭圆弧的轴端点或［中心点（C）］：c

指定椭圆弧的中心点：//单击椭圆的中心点

指定轴的端点：//在靠近椭圆的右侧处单击

指定另一条半轴长度或［旋转（R）］：//在靠近椭圆的上方处单击

指定起始角度或［参数（P）］：150

指定终止角度或［参数（P）/包含角度（I）］：390

命令：_line 指定第一点：

指定下一点或［放弃（U）］：//连接椭圆弧两个端点

指定下一点或［放弃（U）］：

命令：_circle 指定圆的圆心或［三点（3P）/两点（2P）/相切、相切、半径（T）］：＜正交关＞

指定圆的半径或［直径（D）］＜11＞：

命令：_mirror

选择对象：找到1个

选择对象：//选定小圆

指定镜像线的第一点：指定镜像线的第二点：

要删除源对象吗？［是（Y）/否（N）］＜N＞：//按＜Enter＞键即可

学后任务

完成下列图例练习,尺寸自定。

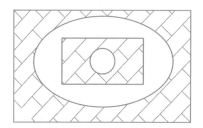 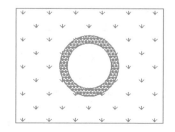

▶ **任务四　柱截面配筋图的绘制** ◀

结构施工图中采用平法标注时图形相对比较简单,一般掌握最基本的直线、圆、多边形等命令就可以操作,因此这里以柱截面配筋图的绘制为例。

任务四

柱截面配筋图的绘制

 任务描述

本部分任务在掌握基本图形绘制方法的基础上,完成柱截面配筋图的绘制。

 知识、技能目标

掌握矩形、多边形等命令的使用方法,能运用矩形、多边形等命令进行绘制图形。

 任务实现

一、命令详解

1. 矩形(RECTANG)

矩形是绘制二维平面图形时常用的简单闭合图形元素之一,可以通过指定矩形的角点来创建,或通过命令行的选项命令来创建,而矩形工具自身内部还可以对于设置倒角、圆角、标高和宽度。

命令调用方式:

(1) 菜单:选择【绘图】→【矩形】命令,如图 ▢ 矩形(G) 所示。

(2) "常用"选项卡:在"绘图"面板中单击 ▢ 图标。

(3) 命令行:输入"RECTANG"后按<Enter>键。

矩形的绘制:

当在使用上述命令来创建"矩形"时,在命令行中显示如下选项:

指定第一个角点或 [倒角(C)/标高(E)/圆角(F)/厚度(T)/宽度(W)]:

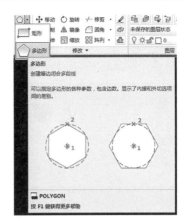

图2-10　矩形绘制示意图

指定另一个角点或[面积(A)/尺寸(D)/旋转(R)]:

根据命令行选项命令指定角点的方式进行绘制,角点可以直接运用坐标值输入方式或鼠标直接拖动方式来确定,在命令行中各选项命令的含义如下。

倒角(C):确定矩形第一个倒角与第二个倒角的距离值,画出具有倒角的矩形。

标高(E):确定矩形的标高。

圆角(F):确定矩形的圆角半径值。

厚度(T):确定矩形在三维空间的厚度值。

线宽(W):确定矩形的线型宽度。

2. 多边形(POLYGON)

正多边形是二维绘制图形中使用频率较多的一种简单的图形。边数为3～1 024之间的整数。

命令调用方式:

(1) 菜单:选择【绘图】→【正多边形】命令,如图 ⬡ 正多边形(Y) 所示。

(2) "常用"选项卡:在"绘图"面板中单击⬡图标。

(3) 命令行:输入"POLYGON"后按<Enter>键。

正多边形的绘制:

(1) 运用"中心点"的方式绘制

命令行://输入 polygon

输入边的数目 <4>:6

指定正多边形的中心点或[边(E)]://指定正多边形的中心

输入选项[内接于圆(I)/外切于圆(C)]<I>://默认为内接于圆,也可以选择外切于圆的方式

指定圆的半径://输入指定半径按 Enter 键

(2) 运用"边"的方式绘制

命令行://输入 polygon

输入边的数目 <4>:6

指定正多边形的中心点或[边(E)]://输入"E"按<Enter>键

输入选项[内接于圆(I)/外切于圆(C)]<I>://默认为内接于圆,也可以选择外切

于圆方式

　　指定边的第一个端点：//指定 A 点(可以用坐标输入方式或对象捕捉方式确定边的端点)
　　指定边的第二个端点：//指定 B 点(可以用坐标输入方式或对象捕捉方式确定边的端点)

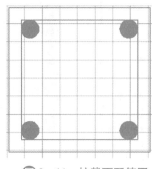

图 2-11　柱截面配筋图

二、操作步骤

命令：_rectang
　　指定第一个角点或[倒角(C)/标高(E)/圆角(F)/厚度(T)/宽度(W)]：0,0
　　指定另一个角点或[面积(A)/尺寸(D)/旋转(R)]：@400,400
命令：_rectang
　　指定第一个角点或[倒角(C)/标高(E)/圆角(F)/厚度(T)/宽度(W)]：35,35
　　指定另一个角点或[面积(A)/尺寸(D)/旋转(R)]：@330,330
命令：_circle
　　指定圆的圆心或[三点(3P)/两点(2P)/切点、切点、半径(T)]：60,60
　　指定圆的半径或[直径(D)]：25
命令：_circle
　　指定圆的圆心或[三点(3P)/两点(2P)/切点、切点、半径(T)]：340,60
　　指定圆的半径或[直径(D)]<25.0000>：25
命令：CIRCLE
　　指定圆的圆心或[三点(3P)/两点(2P)/切点、切点、半径(T)]：340,340
　　指定圆的半径或[直径(D)]<25.0000>：25
命令：CIRCLE
　　指定圆的圆心或[三点(3P)/两点(2P)/切点、切点、半径(T)]：60,340
　　指定圆的半径或[直径(D)]<25.0000>：25
命令：_hatch
　　拾取内部点或[选择对象(S)/设置(T)]：正在选择所有对象…
　　正在选择所有可见对象…
　　正在分析所选数据…
　　正在分析内部孤岛…
　　拾取内部点或[选择对象(S)/设置(T)]：正在选择所有对象…
　　正在选择所有可见对象…

正在分析所选数据...
正在分析内部孤岛...
拾取内部点或［选择对象(S)/设置(T)］：正在选择所有对象...
正在选择所有可见对象...
正在分析所选数据...
正在分析内部孤岛...
拾取内部点或［选择对象(S)/设置(T)］：正在选择所有对象...
正在分析内部孤岛...

 学后任务

完成下列图例练习,尺寸自定。

  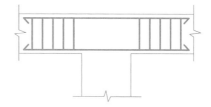

任务五　弧形指示箭头的绘制

任务五

弧形指示箭头的绘制

施工图中还有一些其他基本图形,以弧形指示箭头的绘制为例讲解
这些图形的画法。

 任务描述

本部分任务在掌握多段线的绘制方法的基础上,完成指示箭头的绘制。

 知识、技能目标

掌握多段线的使用方法,能运用多段线进行绘制图形。

 任务实现

一、命令详解

多段线(PLINE)

多段线是由许多连续的线和弧组成的,由于这些线和弧组成的是一个整体对象,因此,
选取多段线时会将所有线和弧都选中,在绘图时注意多段线可以设置线宽。

命令调用方式:

（1）菜单：选择【绘图】→【多段线】命令，如图 ⌒ **多段线(P)** 所示。

（2）"常用"选项卡：在"绘图"面板中单击 ⌒ 图标。

（3）命令行：输入"PLINE"或"PL"后按<Enter>键。

当在使用上述命令来创建"矩形"时，在命令行中显示如下选项：

指定下一点或［圆弧(A)/闭合(C)/半宽(H)/长度(L)/放弃(U)/宽度(W)］：

绘制圆弧时，在命令行中显示如下选项：

［角度(A)/圆心(CE)/闭合(CL)/方向(D)/半宽(H)/直线(L)/半径(R)/第二个点(S)/放弃(U)/宽度(W)］：

命令行各选项含义如下：

① 圆弧(A)：在多段线中绘制圆弧，并将其作为多段线的组成部分。该命令下还有如下选项。

角度(A)：在选项命令行中输入"A"，设置弧的中心角，接着输入弧的角度、弦长或终点。

圆心(CE)：在选项命令行中输入"CE"，输入弧的圆心，再输入弧的角度、弦长或终点来完成弧的绘制。

闭合(CL)：在选项命令行中输入"CL"，顺着圆弧端点的切线方向连接多段线起点，形成闭合线。

方向(D)：在选项命令行中输入"D"，输入圆弧起点方向和圆弧终点方向来完成圆弧的绘制。

半宽(H)：在选项命令行中输入"H"，设置多段线的半宽值。

直线(L)：在选项命令行中输入"L"，将绘制圆弧的方法切换到画线方法。

半径(R)：在选项命令行中输入"R"，输入弧的半径，再输入弧的角度或终点，完成弧的绘制。

第二个点(S)：在选项命令行中输入"S"，输入弧通过的第二点，再输入弧的终点，最终完成弧的绘制。

放弃(U)：取消上一步绘制弧的操作。

宽度(W)：在选项命令行中输入"W"，设置多段线的起点和终点的宽度。

② 闭合(C)：连续画两条线段以上时，在选项命令行中输入"C"，可将多段线的起点与终点连接起来产生闭合线段。

③ 半宽(H)：在选项命令行中输入"H"，设置多段线的半宽值，如果设置为 0.5，则实际的宽度为 1。

④ 长度(L)：在选项命令行中输入"L"，设置多段线的长度，使其方向与前一段线段的方向相同，如果前一段线段是圆弧，则多段线的方向与圆弧端点的切线方向相同。

⑤ 放弃(U)：在选项命令行中输入"U"，取消上一步线段或圆弧的操作。

⑥ 宽度(W)：在选项命令行中输入"W"，设置多段线的起点和终点的宽度。

二、操作步骤

绘制弧形指示箭头，如图 2-12 所示。

图 2-12 用构造线绘制指示箭头

实施步骤：

打开状态栏"正交模式"，单击图标。具体提示如下：

指定下一点或 ［圆弧(A)/闭合(C)/半宽(H)/长度(L)/放弃(U)/宽度(W)］:(任意点击一点)

指定下一点或 ［圆弧(A)/闭合(C)/半宽(H)/长度(L)/放弃(U)/宽度(W)］:@0,400

指定下一点或 ［圆弧(A)/闭合(C)/半宽(H)/长度(L)/放弃(U)/宽度(W)］:A

指定圆弧的端点或

［角度(A)/圆心(CE)/闭合(CL)/方向(D)/半宽(H)/直线(L)/半径(R)/第二个点(S)/放弃(U)/宽度(W)］:@300,0

指定圆弧的端点或

［角度(A)/圆心(CE)/闭合(CL)/方向(D)/半宽(H)/直线(L)/半径(R)/第二个点(S)/放弃(U)/宽度(W)］:L

指定下一点或 ［圆弧(A)/闭合(C)/半宽(H)/长度(L)/放弃(U)/宽度(W)］:W

指定起点宽度 <0.0000>:30

指定端点宽度 <30.0000>:0

指定下一点或 ［圆弧(A)/闭合(C)/半宽(H)/长度(L)/放弃(U)/宽度(W)］:@0,-100
(完成图形绘制)

学后任务

完成下列图例练习：

保护接地符号

逃生路线符号

任务六　建筑图纸中标签的制作

任务描述

本部分任务在掌握文字、表格的绘制方法的基础上,完成图纸中标签的制作。

知识、技能目标

掌握多线、文字、表格的使用方法,能运用多线、文字、表格进行图形的绘制。

任务实现

一、命令详解

1. 多线(MLINE)

多线是由平行的多条平行直线组成的对象,并且平行直线间的距离、数目以及每条线的线型、颜色等样式可以进行编辑。多线主要应用于建筑中的墙体、窗户图等的绘制,默认由两条平行线组成。

命令调用方式:

(1) 菜单:选择【绘图】→【多线】命令,如图 多线(U) 所示。

(2) 命令行:输入"MLINE"或"ML"后按<Enter>键。

当在使用上述命令来创建"多线"时,在命令行中显示如下选项:

指定起点或 [对正(J)/比例(S)/样式(ST)]:

对正(J):设置多线对正方式,即多线线段起点的位置。

调用该命令后出现如下提示选项。

输入对正类型 [上(T)/无(Z)/下(B)] <上>:

含义如下:

上(T):多线上方线段与捕捉点对齐;

无(Z):多线中间位置与捕捉点对齐;

下(B):多线下方线段与捕捉点对齐;

比例(S):将平行线间的距离进行比例缩放。

调用该命令后出现如下提示选项。

输入多线比例 <0.00>:

当比例值为 0 时多段线为一条直线。

样式(ST):选择多线的样式。

调用该命令后出现如下提示选项:

输入多线样式名或［?］：//输入系统提供的样式名称的命令

具体的操作参考实例。

2. 多线编辑（MLEDIT）

用户可以根据需要使用多线编辑命令来设置多线相交的不同方式。

命令的调用方式：

（1）菜单：选择【修改】→【对象】→【多线】命令，如图 2-13 所示。

图 2-13　多线编辑工具

（2）命令行：输入"MLEDIT"后按＜Enter＞键。

3. 文字样式（STYLE）

文字样式是一组可随图形保存的文字设置的集合，这些设置可包括字体、文字高度以及特殊效果等。在 AutoCAD 中所有的文字，包括图块和标注中的文字，都是同一定的文字样式相关联的。通常，在 AutoCAD 中新建一个图形文件后，系统将自动建立一个缺省的文字样式"Standard（标准）"，并且该样式被文字命令、标注命令等缺省引用，根据需要用户可以使用文字样式命令来创建或修改文字样式。

命令调用方式：

（1）菜单：选择【格式】→【文字样式】命令。

（2）工具栏：单击"文字"工具栏中的 按钮。

（3）命令行：输入"STYLE"或"ST"后按＜Enter＞键。

调用该命令后，系统弹出"文字样式"对话框，如图 2-14 所示。

该对话框主要分为 4 个区域，下面分别对其进行说明：

"样式"名称：在该栏的下拉列表中包括了所有已建立的文字样式，并显示当前的文字样式。用户可单击 新建(N)... 按钮新建一个文字样式。

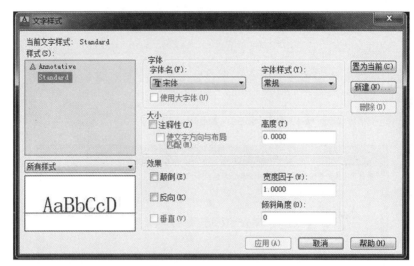

图2-14　文字样式对话框

"字体"栏：在"字体名"列表中显示所有 AutoCAD 可支持的字体，这些字体有两种类型：一种是带有 图标、扩展名为"shx"的字体，该字体是利用形技术创建的，由 AutoCAD 提供。另一种是带有 图标、扩展名为"ttf"的字体，该字体为 TrueType 字体，通常为 Windows 系统所提供。

某些 TrueType 字体可能会具有不同的字体样式，如加黑、斜体等，用户可通过"字体样式"列表进行查看和选择。而对于 SHX 字体，"使用大字体"项将被激活。选中该项后，"字体样式"列表将变为"大字体"列表。大字体是一种特殊类型的形文件，可以定义数千个非 ASCII 字符的文本文件，如汉字等。

"高度"编辑框用于指定文字高度。如果设置为 0，则引用该文字样式创建字体时需要指定文字高度。否则将直接使用框中设置的值来创建文本。

"效果"栏：

颠倒：用于设置是否倒置显示字符。

反向：用于设置是否反向显示字符。

宽度因子：用于设置字符宽度因子。输入值如果小于 1.0 将压缩文字宽度，输入值如果大于 1.0 则将使文字宽度扩大。如果值为 1，将按系统定义的比例标注文字。

倾斜角度：用于设置文字的倾斜角度，取值范围为－85～85。

预览栏：用于预览字体和效果设置，用户的改变（文字高度的改变除外）将会引起预览图像的更新。

当用户完成对文字样式的设置后，可单击 应用(A) 按钮将所做的修改应用到图形中使用当前样式的所有文字。

【置为当前】按钮：把选中的文字样式作为当前的文字样式。

【新建】按钮：单击该按钮，打开"新建文字样式"对话框。在"样式名"文本框中输入新建文字样式名称后，单击"确定"按钮可以创建新的文字样式。新建文字样式将显示在"样式名"下拉列表框中。

4. 单行文字(TEXT)

单行文字是文字输入中一种常用的输入方式。在不需要多种字体或多行文字内容时，可以创建单行文字。单行文字主要用于标注文字、标注块文字等内容。

命令调用方法：

(1) 菜单：选择【绘图】→【文字】→【单行文字】命令。

(2) 工具栏：单击"文字"工具栏中的 $\overline{\text{AI}}$ 按钮。

(3) 命令行：输入"TEXT"后按<Enter>键。

下面介绍提示行中的选项含义：

指定文字的起点：指定单行文字行基线的起点位置，要求用户用光标在绘图区指定。

指定高度：这是在"文字样式"中没有设置高度时才出现该提示，否则AutoCAD使用"文字样式"中设置的文字高度。用户输入一个正数即可。

指定文字的旋转角度：文字旋转角度是指文字行排列方向与水平线的夹角。

如果用户在命令行中选择的是"对正"选项，AutoCAD命令行出现提示：

[对齐(A)/布满(F)/居中(C)/中间(M)/右对齐(R)/左上(TL)/中上(TC)/右上(TR)/左中(ML)/正中(MC)/右中(MR)/左下(BL)/中下(BC)/右下(BR)]：

这是用于设置文字的排列方式，下面介绍提示行中的选项含义：

① 对齐：该选项用文字行基线的起点与终点来控制文字对象的排列。要求用户指定文字基线的起点和终点。

调整：指定文字按照由两点定义的方向和一个高度值布满一个区域。只适用于水平方向的文字。

居中：该选项用于用户指定文字行的中心点。用户在绘图区中指定一点作为中心。此外，用户还需要指定文字的高度和文字行的旋转角度。

中间：该选项用于用户指定文字行的中间点。此外，用户还需要指定文字行在垂直方向和水平面方向的中心、文字高度和文字行的旋转角度。

右对齐：在由用户给出的点指定的基线上右对正文字。

左上：在指定为文字顶点的点上左对正文字，只适用于水平方向的文字。

中上：以指定为文字顶点的点居中对正文字，只适用于水平方向的文字。

右上：以指定为文字顶点的点右对正文字，只适用于水平方向的文字。

左中：在指定为文字中间点的点上靠左对正文字，只适用于水平方向的文字。

正中：在文字的中央水平和垂直居中对正文字，只适用于水平方向的文字。

右中：以指定为文字的中间点的点右对正文字，只适用于水平方向的文字。

左下：以指定为基线的点左对正文字，只适用于水平方向的文字。

中下：以指定为基线的点居中对正文字，只适用于水平方向的文字。

右下：以指定为基线的点靠右对正文字，只适用于水平方向的文字。

② 样式：指定文字样式，文字样式决定文字字符的外观，创建的文字使用当前文字样式。

5. 单行文字的编辑

单行文字的编辑主要包括两个方面，包括修改文字特性和文字内容。修改文字内容，可直接双击文字，此时进入编辑文字状态，即可对要修改的文字内容进行修改。要修改文字的特性，可通过修改文字样式来获得文字的颠倒、反向和垂直等效果。如果同时修改文字内容和文字的特性，通过"特性"修改最为方便。

在输入文字时，用户除了要输入汉字、英文字符外，还可能经常需要输入诸如常用直径

符号 Ø、∞、ln 等特殊符号,如常用直径符号 Ø,可直接输入代号"％％C";度数符号输入"％％D";±输入"％％P",也可借助 Windows 系统提供的模拟键盘输入。

　　6. 多行文字(MTEXT)

　　多行文字又称为段落文字,是一种更易于管理的文字对象,它由两行以上的文字组成,而且各行文字都是作为一个整体来处理。

　　命令调用方式:

　　(1) 菜单:选择【绘图】→【文字】→【多行文字】命令。

　　(2) 工具栏:单击"绘图"工具栏中的 **A** 按钮。

　　(3) 命令行:输入"MTEXT"或"MT"或"T"后按<Enter>键。

　　调用该命令后,AutoCAD 将弹出"多行文字编辑器"对话框,下面分别介绍其中的各项功能。

　　"字符"选项卡:如图 2-15 所示,在该选项卡中除了可以进行一些常规的设置,如字体、高度、颜色等,还包括其他一些特殊设置。

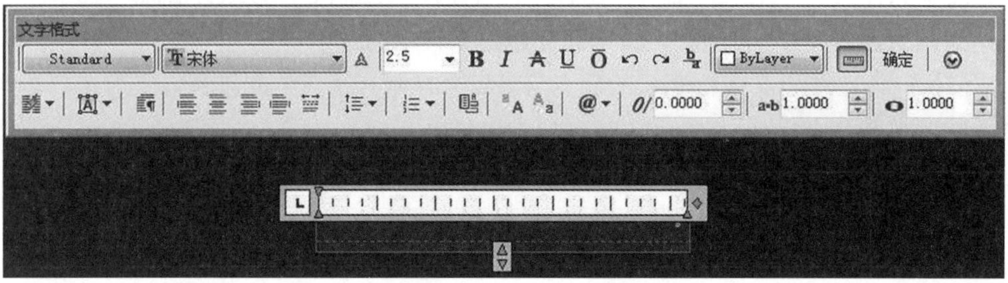

图 2-15　多行文字编辑器

　　堆叠/非堆叠:当选中的文字中包含有"^""/"或"♯"3 种符号时,该项将被激活,用于设置文字的堆叠形式或取消堆叠。如果设置为堆叠,则这些字符左边的文字将被堆叠到右边文字的上面,具体格式如表 2-1 所示。

表 2-1　堆叠说明表

符　号	说　　明
^	表示左对正的公差值,形式为:$\dfrac{左侧文字}{右侧文字}$
/	表示中央对正的分数值,形式为:$\dfrac{左侧文字}{右侧文字}$
♯	表示被斜线分开的分数,形式为:左侧文字/右侧文字

　　用户还可以选中已设置为堆叠的文字并单击右键,在快捷菜单中选择"特性"项,弹出"堆叠特性"对话框,如图 2-16 所示。在该对话框中,用户可以对堆叠的文字做进一步的设置,包括上方与下方的文字、样式、位置及大小等外观控制。此外,用户还可以单击 自动堆叠(A) 按钮弹出"自动堆叠特性"对话框来设置自动堆叠的样式,也可以去掉在整数数字和分数之间的前导空格。

　　插入符号:通过该选项可以在文字中插入度数、正/负、直径和不间断空格等特殊符号。此外,如果用户选择"其他"项,则将弹出"字符映射表"对话框,来显示和使用当前字体的全

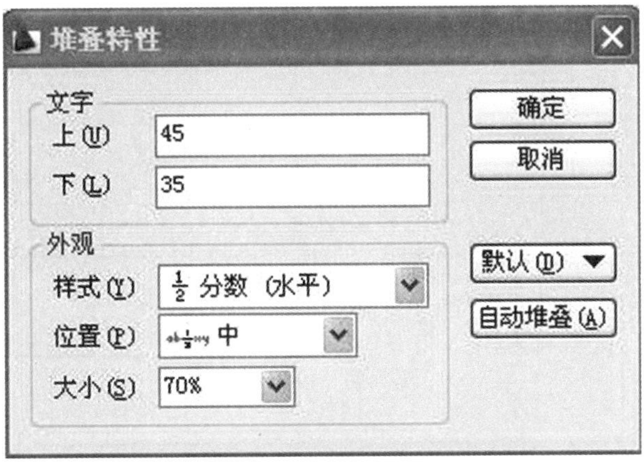

图 2 - 16　"堆叠特性"对话框

部字符。注意,"字符映射表"是 Windows 系统的附件组件,如果在操作系统中没有安装则在 AutoCAD 中无法使用。

样式:用于改变文字样式。在应用新样式时,应用于单个字符或单词的字符格式(粗体、斜体、堆叠等)并不会被覆盖。

对正:用于选择不同的对正方式。对正方式基于指定的文字对象的边界。注意,在一行的末尾输入的空格也是文字的一部分并影响该行文字的对正。

宽度:指定文字段落的宽度。如果选择了"不换行"选项,则多行文字对象将出现在单独的一行上。

旋转:指定文字的旋转角度。

7. 多行文字的编辑

编辑多行文字的方法比较简单,可双击已输入的多行文字,或者选中在图样中已输入的多行文字并单击鼠标右键,从弹出的快捷菜单中选择"编辑多行文字",打开"文字格式"编辑器对话框,然后编辑文字。

值得注意的是,如果修改文字样式的垂直、宽度比例与倾斜角度设置,将影响到图形中已有的用同一种文字样式书写的多行文字,这与单行文字是不同的。因此,对用同一种文字样式书写的多行文字中的某些文字的修改,可以重建一个新的文字样式来实现。

8. 表格

表格是由行和列组成的,在中文版 AutoCAD 中,表格是在行和列中包含数据的对象。创建表格对象时,首先创建一个空表格,然后在表格的单元(行与列相交处)中添加内容。

在中文版 AutoCAD 中,用户可以使用创建表命令自动生成表格,使用创建表功能,用户不仅可以直接使用软件默认的样式创建表格,还可以根据自己的需要自定义表格样式。

系统默认情况下只有一种表格样式"Standard"。用户可根据需要使用【格式】→【表格样式】命令,对原有的表格样式进行修改或自定义表格样式。

二、操作步骤

以下介绍如表 2-2 的某中学综合楼的图纸标签的绘制方法。

表 2‐2 某中学综合楼图纸标签

某中学综合楼	审定		设计阶段	施工图	工号	JS06888
门窗表 建筑做法说明	院审		校对		图号	建施—03
	室(所)审		设计		日期	
	项目负责人		绘图		第 2 张 共 13 张	

单击【格式】→【表格样式】命令,打开"表格样式"对话框,如图 2‐17 所示。

在该对话框中单击【新建】按钮,打开"创建新的表格样式"对话框,在"新样式名"文本框中输入样式名称"表 1"。

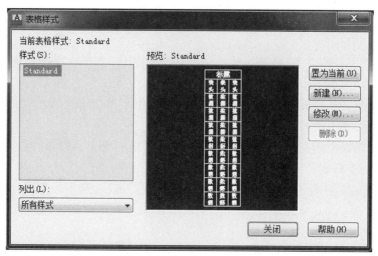

图 2‐17 "表格样式"对话框

单击【继续】按钮,打开"新建表格样式:表 1"对话框,在对话框中标题单元特性中取消包含单元行,其他不动。

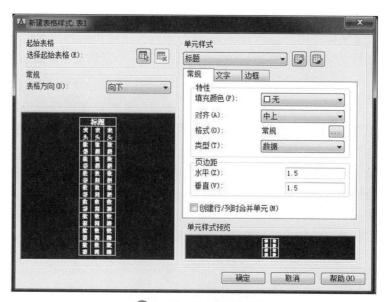

图 2‐18 表 1 样式设置

单击"绘图"工具栏中的【表格】按钮田，打开"插入表格"对话框，单击表格样式名称下拉按钮，从其打开的下拉列表中可看到已定义好的表格样式，设置如2-19所示。

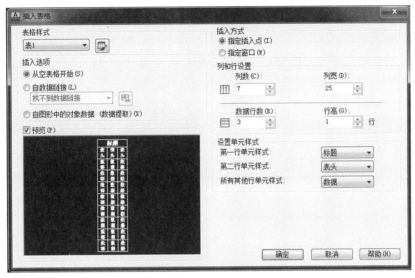

图2-19　插入表格设置

在绘图区中的任意位置单击，作为表格的插入点。

对整个表格进行调整：选中整个表格（使用实框或虚框选择法）后单击鼠标右键，系统将弹出表格快捷菜单，用户可在该快捷菜单中选择相关的选项来对单元格进行调整，对部分单元格合并。

然后依次在表格中输入"数据"文字，即可完成表格的绘制。对不合适的文字进行更改的方法：双击要更改的单元格进入文字编辑状态，然后对文字进行更改即可。

习　题

一、选择题

1. 直线的起点为(50,50)，如果要画出与X轴正方向成45度夹角、长度为80的直线段，应输入（　　）。

A. @80,45

B. @80<45

C. 80<45

D. 30,45

2. 多行文字的命令是（　　）。

A. TT　　　　　　B. DT　　　　　　C. MT　　　　　　D. QT

3. 在绘图时，如果要想将屏幕上的某一个点参照为最近一个原点来作图，需先在命令行介入（　　）。

A. FROM　　　　　B. FOR　　　　　C. @　　　　　　D. Q

4. （　　）是将指定对象按照距离进行平均等分，等分点可以被图块替代，也可以作为辅助绘制图形的点。

A. 定数等分　　　　　　　　　　B. 定距等分

C. 定量等分　　　　　　　　　　D. 平分

5. 在画多段线时,可以用哪一个选项来改变线宽(　　)。

A. 宽度　　　　　　　B. 方向　　　　　　　C. 半径　　　　　　　D. 长度

6. 下面的各选项都可以绘制圆弧,除了哪一项不行(　　)。

A. 起点、圆心、终点　　　　　　　B. 起点、圆心、方向

C. 圆心、起点、长度　　　　　　　D. 起点、终点、半径

7. AutoCAD 中用于绘制圆弧和直线结合体的命令为(　　)。

A. 圆弧　　　　　　　　　　　B. 构造线

C. 多段线　　　　　　　　　　D. 样条曲线

8. 在 AutoCAD 2017 中,用 CIRCLE 命令在一个三角形中画一内接圆,在提示"3P/2P/TTR<Center Point>"下,应采用的最佳方式是(　　)。

A. 2P 方式

B. TTR 方式

C. 3P 方式

D. 先手工计算好圆心坐标、半径、用圆心、半径方式

9. 在 AutoCAD 2017 中绘制正多边形时,下列方式错误的是(　　)。

A. 内接正多边形　　　　　　　B. 外切正多边形

C. 确定边长方式　　　　　　　D. 确定圆心、正多边形点的方式

10. 在 AutoCAD 2017 中图形填充方式有图案填充和(　　)填充。

A. 孤岛填充　　　　　　　　　B. 颜色填充

C. 渐变色　　　　　　　　　　D. 自由填充

二、操作题

请用 AutoCAD 绘制如下图形。

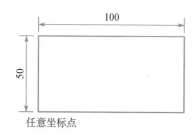

任意坐标点

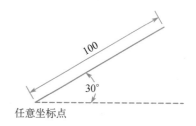

任意坐标点

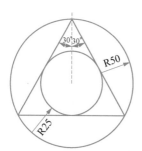

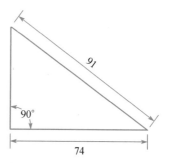

项目三　AutoCAD 二维图形的编辑与修改

学习目标

　　☆ 本项目以一些常见的简单图形的绘制为主要任务,通过这些任务的完成,使读者学会熟练调用 AutoCAD 对象的选择、删除、恢复、复制、移动、旋转、缩放、修剪、拉伸、延伸、倒角、圆角和分解等命令。

　　☆ 重点学会命令的快速输入,命令行操作的相关选项设置以及图像的修改。

　　☆ 学会利用基本知识和技能独立完成所提供的其他相关任务。

具体任务

　　1. 基本命令的学习;　　　　　　　　　2. 绘制楼梯平面图;

　　3. 绘制坐便器平面图。

一、对象的选择

　　通常在输入编辑命令之后,系统提示:"选择对象"。当选择对象后,AutoCAD 将亮显选择的对象(即用虚线显示),表示这些对象已加入选择集。在选择对象的过程中,拾取框将代替十字光标。在 AutoCAD 中,加入选择集的方式很多,只要熟悉最常用的窗口、窗交、栏选、全部即可。

　　在 AutoCAD 中,选择对象的方法很多,例如,通过单击对象逐个拾取,也可利用矩形窗口或交叉窗口选取;可以选择最近创建的对象、前面的选择集或图形中的所有对象,也可以向选择集中添加对象或从中删除对象。主要包括直接选择、窗口(W)方式、窗交(C)方式、栏选(F)方式、全选(ALL)方式、圈围(WP)方式、圈交(CP)方式,这些方式前面章节已经讲解,这里不再讲述。

二、对象的删除

　　删除命令可以在图形中删除用户所选择的一个或多个对象。对于一个已删除的对象,虽然用户在屏幕上看不到它,但在图形文件还没有被关闭之前该对象仍保留在图形数据库中,用户可利用"UNDO"或"OOPS"命令进行恢复。当图形文件被关闭后,该对象将被永久性地删除。

命令调用方式:

(1) 菜单:选择【修改】/【删除】命令。

(2) 工具栏:单击【修改】工具栏中的 ✐ 按钮。

(3) 快捷菜单:选定对象后单击鼠标右键,弹出快捷菜单,选择"删除"项。

(4) 命令行:输入"ERASE"或"E"后按<Enter>键。

选择对象后,直接按<Delete>键。

三、对象的恢复

如果用户不小心误删了图形,可以使用恢复命令恢复对象。

命令调用方式:

(1) 工具栏:单击"标准"工具栏中的 ↶ ▾ 按钮。

(2) 快捷菜单:选定对象后单击鼠标右键,弹出快捷菜单,选择"放弃"项。

(3) 命令行:输入"OOPS"后按<Enter>键。

(4) 快捷键:Ctrl+Z。

四、光顺曲线

在两条选定直线或曲线之间的间隙中创建样条曲线;选择端点附近的每个对象。生成的样条曲线的形状取决于指定的连续性。选定对象的长度保持不变。有效对象包括直线、圆弧、椭圆弧、螺旋、开放的多段线和开放的样条曲线。

命令调用方式:

(1) 菜单:选择【修改】→【光顺曲线】命令。

(2) 工具栏:单击"修改"工具栏中的 ∿ 按钮。

(3) 命令行:输入"BLEND"或"BL"后按<Enter>键。

➤ **提示**:提示:① 选择第一个对象或 [连续性(CON)]:可以选择样条曲线起始端附近的直线或开放的曲线。② 选择第二个点:可以选择 AutoCAD 2017 样条曲线末端附近的另一条直线或开放的曲线。

由于选择的对象和点位置不同,所以创建的曲线也不同。

若选择【连续性】(在两种过渡类型中指定一种),可选相切和平滑。选择【相切】[创建一条 3 阶样条曲线,在选定对象的端点处具有相切(G1)连续性]或在命令行中输入 T 后按空格键。选择【平滑】(创建一条 5 阶样条曲线),在选定对象的端点处具有曲率(G2)连续性。

五、夹点编辑

夹点编辑是一种集成的编辑模式,提供了一种方便快捷的编辑操作途径。选择对象时,在对象上将显示出若干个小方框,这些小方框用来标记被选中对象的夹点,夹点就是对象上的控制点。

1. 拉伸对象

在不执行任何命令的情况下选择对象,显示其夹点,然后单击其中的一个夹点,进入编辑状态。命令行将显示如下提示信息。

** 拉伸 **

指定拉伸点或 [基点(B)/复制(C)/放弃(U)/退出(X)]:

其选项的功能如下。

基点:重新确定拉伸基点。

复制：允许确定一系列的拉伸点，以实现多次拉伸。

放弃：取消一次操作。

退出：退出当前的操作。

默认情况下，指定拉伸点（可以通过输入点的坐标或者直接用鼠标指针拾取点），AutoCAD 将把对象拉伸或移动到新的位置。因为对于某些夹点，移动时只能移动对象而不能拉伸对象，如文字、块、直线中点、圆心、椭圆中心和点对象上的夹点。

2. 点移动对象

移动对象仅仅是位置上的平移，对象的方向和大小并不会改变。要精确地移动对象可使用捕捉模式、坐标、夹点和对象捕捉模式。在夹点编辑模式下确定基点后，在命令行提示下输入"MO"进入移动模式，命令行将显示如下提示信息。

** 移动 **

指定移动点或 [基点(B)/复制(C)/放弃(U)/退出(X)]：//指定移动点

通过输入点的坐标或拾取点的方式来确定平移对象的目的点后，即可以基点为平移的起点，以目的点为终点将所选对象平移到新位置。

3. 旋转对象

在夹点编辑模式下，确定基点后，在命令行提示下输入"RO"进入旋转模式，命令行将显示如下提示信息。

** 旋转 **

指定旋转角度或 [基点(B)/复制(C)/放弃(U)/参照(R)/退出(X)]：//指定旋转角度

默认情况下，输入旋转的角度值或通过拖动方式确定旋转角度后，即可将对象绕基点旋转指定的角度。也可以选择"参照"选项，以参照方式旋转对象，这与"旋转"命令中的"对照"选项功能相同。

4. 缩放对象

在夹点编辑模式下确定基点后，在命令行提示下输入"SC"进入缩放模式，命令行将显示如下提示信息。

** 比例缩放 **

指定比例因子或 [基点(B)/复制(C)/放弃(U)/参照(R)/退出(X)]：

默认情况下，当确定了缩放的比例因子后，AutoCAD 将相对于基点进行缩放对象操作。当比例因子大于 1 时放大对象，当比例因子大于 0 而小于 1 时缩小对象。

5. 镜像对象

与"镜像"命令的功能类似，镜像操作后将删除原对象。在夹点编辑模式下确定基点后，在命令行提示下输入"MI"进入镜像模式，命令行将显示如下提示信息。

** 镜像 **

指定第二点或 [基点(B)/复制(C)/放弃(U)/退出(X)]：

指定镜像线上的第 2 个点后，AutoCAD 将以基点作为镜像线上的第 1 点，新指定的点为镜像线上的第 2 个点，将对象进行镜像操作并删除原对象。

六、对象特性

对象特性包含一般特性和几何特性，一般特性包括对象的颜色、线型、图层及线宽等，几何特性包括对象的尺寸和位置。可以直接在"特性"选项板中设置和修改对象的特性。

命令调用方式：

（1）菜单：选择【修改】→【特性】命令。

（2）工具栏：单击"标准"工具栏中的 按钮。

（3）命令行：输入"PROPERTIES"或"PR"后按<Enter>键。

"特性"选项板默认处于浮动状态。在"特性"选项板的标题栏上单击鼠标右键，将弹出一个快捷菜单。可通过该快捷菜单确定是否隐藏选项板、是否在选项板内显示特性的说明部分以及是否将选项板锁定在主窗口中。"特性"选项板中显示了当前选择集中对象的所有特性和特性值，当选中多个对象时，将显示它们的共有特性。可以通过它浏览、修改对象的特性，也可以通过它浏览、修改满足应用程序接口标准的第三方应用程序对象，如图 3-1 所示是特性工具窗口、单个对象特性和多个对象特性。

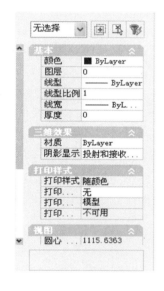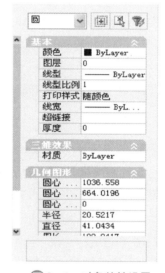

图 3-1 对象特性设置

七、特性匹配

该命令可以将选定对象的特性应用到其他对象。

命令调用方式：

（1）菜单：选择【修改】/【特性匹配】命令。

（2）工具栏：单击【标准】工具栏中的 按钮。

（3）命令行：输入"PAINTER"或"MA"后按<Enter>键。

输入该命令后，命令栏提示如下：

选择源对象：//选择要复制其特性的对象

当前活动设置：//当前选定的特性匹配设置

选择目标对象或［设置(S)］：//输入"s"或选择一个或多个要复制其特性的对象

目标对象：指定要将源对象的特性复制到其上的对象。可以继续选择目标对象或按<Enter>键应用特性并结束该命令。

设置：显示"特性设置"对话框，从中可以控制要将哪些对象特性复制到目标对象。默认情况下,将选择【特性设置】对话框中的所有对象特性进行复制。可应用的特性类型包括颜色、图层、线型、线型比例、线宽、打印样式和其他指定的特性。

任务一　基本命令的学习

任务描述

本部分任务掌握基本图形的修改方法,完成诸如绘制五环图等十五个小任务的图形绘制。

　知识、技能目标

掌握删除、恢复、复制、移动、旋转、缩放、修剪、拉伸、延伸、倒角、圆角和分解等命令的使用方法,能进行独立的设置和操作。

任务一

绘制五环图

任务实现

一、绘制五环图

1. 复制(COPY)

复制命令可以将用户所选择的一个或多个对象生成一个副本,并将该副本放置到其他位置,复制后原图形仍然存在。

命令调用方式:

(1) 菜单:选择【修改】→【复制】命令。

(2) 工具栏:单击"修改"工具栏中的 按钮。

(3) 快捷菜单:选定对象后单击鼠标右键,弹出快捷菜单,选择"复制"项。

(4) 命令行:输入"COPY"或"CO"或"CP"后按<Enter>键。

调用该命令后,系统将提示用户选择对象:

选择对象:

用户可在此提示下构造要复制的对象的选择集,并按<Enter>键确定,系统将提示:

当前设置:复制模式 = 当前值

指定基点或[位移(D)/模式(O)/多个(M)]<位移>: // 指定基点或输入选项

在上述命令中各项的意义如下。

指定基点:输入对象复制的基点。选中该选项后,系统继续出现如下提示信息:

指定基点或[位移(D)/模式(O)/多个(M)]<位移>://指定基点或<使用第一个点作为位移>

复制后将所选对象指定的两点所确定的位移量复制到新的位置。

位移:通过指定的位移量来复制选中的对象。

模式:输入复制模式选项"单个"或"多个"。

本任务将绘制如图 3-2 所示的五环图。

图 3-2　复制效果图

2. 操作步骤

利用圆和复制命令绘制图形,提示如下:

指定左下角点或 [开(ON)/关(OFF)] <0.0000,0.0000>:

指定右上角点 <420.0000,297.0000>:420,297

命令:_circle 指定圆的圆心或 [三点(3P)/两点(2P)/切点、切点、半径(T)]:

指定圆的半径或 [直径(D)]:30

命令:_copy

选择对象:找到 1 个

指定基点或 [位移(D)/模式(O)] <位移>:指定第二个点或 <使用第一个点作为位移>:

指定第二个点或 [阵列(A)/退出(E)/放弃(U)] <退出>:

指定第二个点或 [阵列(A)/退出(E)/放弃(U)] <退出>:

指定第二个点或 [阵列(A)/退出(E)/放弃(U)] <退出>:

指定第二个点或 [阵列(A)/退出(E)/放弃(U)] <退出>://依次选择象限点作为基点进行复制。

二、绘制正六边形蜂窝状图

1. 镜像(MIRROR)

在 AutoCAD 中,可以使用"镜像"命令,将对象以镜像线对称复制。

命令调用方式:

(1) 菜单:选择【修改】/【镜像】命令。

(2) 工具栏:单击【修改】工具栏中的 ⚟ 按钮。

(3) 命令行:输入"MIRROR"或"MI"后按<Enter>键。

执行该命令时,需要选择要镜像的对象,然后依次指定镜像线上的两个端点,命令行将显示"删除源对象吗? [是(Y)/否(N)] <N>:"提示信息。如果直接按<Enter>键,则镜像复制对象,并保留原来的对象;如果输入"Y",则在镜像复制对象的同时删除原对象。

➢ 注意:在 AutoCAD 中,使用系统变量 MIRRTEXT 可以控制文字对象的镜像方向。如果 MIRRTEXT 的值为 1,则文字对象完全镜像,镜像出来的文字变得不可读;如果 MIRRTEXT 的值为 0,则文字对象方向不镜像。

本任务将绘制如图 3-3 所示的正六边形蜂窝状图。

任务一

绘制正六边形蜂窝状图

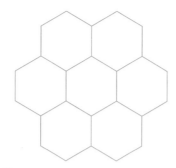

图 3-3　镜像绘制正六边形蜂窝状图

2. 操作步骤

利用正多边形和镜像进行绘制,提示如下:

命令:_polygon 输入侧面数 <4>:6

指定正多边形的中心点或[边(E)]://在合适位置单击

输入选项[内接于圆(I)/外切于圆(C)]<I>://回车

指定圆的半径: <正交 开> 30

命令:_mirror

选择对象:找到 1 个(选择正六边形)

选择对象:

指定镜像线的第一点:指定镜像线的第二点://选择垂直边两端点

要删除源对象吗?[是(Y)/否(N)]<N>:

命令:_mirror

选择对象:找到 1 个

选择对象:

指定镜像线的第一点:指定镜像线的第二点: <正交 关>//选择正六边形边长作为镜像线

要删除源对象吗?[是(Y)/否(N)]<N>:

(重复以上动作,完成蜂窝状图的绘制)

三、绘制环形圆图

任务一

绘制环形圆图

在 AutoCAD 中,还可以通过"阵列"命令多重复制对象。AutoCAD 2017 矩形阵列对象是指将选定的对象以矩形方式进行多重复制,图形呈矩形分布。AutoCAD 2017 路径阵列工具沿整个路径或部分路径平均分布对象副本。环形阵列是指将指定的对象围绕圆心实现多重复制;进行环形阵列后,对象呈环形分布。

1. 矩形阵列(ARRAYRECT)

命令调用方式:

(1)工具栏:选择 AutoCAD 2017"修改"工具栏【矩形阵列】工具按钮 ；"ARRAYRECT"后按<Enter>键;

(2)命令行:输入"ARRAYRECT"后按<Enter>键。

调用该命令后,系统将提示用户选择对象:

选择对象:(选择要陈列的对象)∥选择对象

选择夹点以编辑阵列或[关联(AS)基点(B) 计数(COU) 间距(S) 行数(COL)行数(R) 层数(L)退出(X)]。

2. 路径阵列(ARRAYPATH)

命令调用方式:

(1) 工具栏:单击选择 AutoCAD 2017"修改"面板上"矩形阵列"旁边的倒三角,从弹出的菜单中选择"路径阵列";

(2) 命令行:输入"ARRAYPATH"后按<Enter>键。

调用命令:

系统提示选择对象:∥选择对象;

选择对象(选择要排列的对象);

选择路径曲线:∥例如直线、多段线、三维多段线、样条曲线、螺旋、圆弧、圆或椭圆作为阵列的路径,这里我们选择 AutoCAD 2017 绘图串口中的圆弧。

3. 环形阵列(ARRAYPOLAR)

命令调用方式:

(1) 工具栏:单击选择 AutoCAD 2017"修改"面板上"矩阵阵列"旁的倒三角,从弹出的菜单中选择"路径阵列";

(2) 命令行:输入"ARRAYPOLAR"后按<Enter>键。

调用该命令后,系统将提示用户选择对象:

选择对象: //选择目标对象

类型 = 极轴   关联 = 是

指定阵列的中心点或[基点(B)/旋转轴(A)]:   //指定阵列的中心点或者按 B 选择基点或者按 A 选择旋转轴

选择夹点以编辑阵列或[关联(AS)/基点(B)/项目(I)/项目间角度(A)/填充角度(F)/行(ROW)/层(L)/旋转项目(ROT)/退出(X)]<退出>:

该命令功能复杂,用户可以自行探索使用。以下介绍 AutoCAD 旧版的"ARRAYCLASSIC"命令。输入之后,将弹出图 3 - 4 的对话框。

图3 - 4　阵列对话框

对话框中各项的意义如下：

矩形阵列：指按照网格行列的方式复制实体对象。用户必须告知将实体复制成几行、几列，行距、列距分别为多少。

环形阵列：通过围绕圆心复制选定对象来创建阵列。

选择对象：选择阵列的对象。

中心点：选中环形矩形后输入环形的中心点 X 坐标值和 Y 坐标值。

行偏移：选中矩形阵列时输入行距。

列偏移：选中矩形阵列时输入列距。

阵列角度：选中环形阵列输入复制对象之间的角度值。

➢ **注意**：行距、列距和阵列角度的值的正负性将影响将来的阵列方向；行距和列距为正值将使阵列沿 x 轴或 y 轴正方向阵列复制对象；阵列角度为正值则沿逆时针方向阵列复制对象，负值则相反。如果是通过单击按钮在绘图窗口设置偏移距离和方向，则给定点的前后顺序将确定偏移的方向。

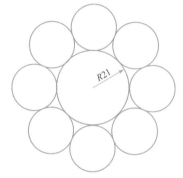

图3-5　用阵列绘制图形

4. 操作步骤

利用圆、构造线和阵列绘制图形，提示如下：

命令：_circle 指定圆的圆心或 [三点(3P)/两点(2P)/相切、相切、半径(T)]：

指定圆的半径或 [直径(D)] <95.8177>：21

命令：_xline 指定点或 [水平(H)/垂直(V)/角度(A)/二等分(B)/偏移(O)]：

指定通过点：//绘制水平构造线

命令：ARRAYCLASSIC//选择环行阵列

指定阵列中心点：//选择圆心

选择对象：找到 1 个//选择构造线，项目总数填写 8 个，如图 3-6 所示

命令：_circle 指定圆的圆心或 [三点(3P)/两点(2P)/相切、相切、半径(T)]：_3p 指定圆上的第一个点：_tan 到

指定圆上的第二个点：_tan 到

指定圆上的第三个点：_tan 到//选择绘制圆的相切、相切、相切命令

命令：_erase 找到 4 个//删除 4 条构造线

命令：_array

选择对象：找到 1 个//选择小圆，对话框其他填写不变回车即可

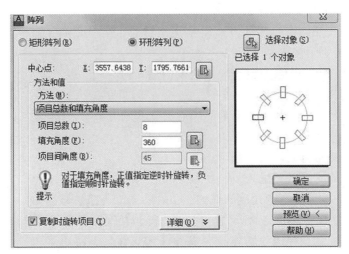

图 3 − 6　阵列对话框

任务一

绘制圆形跑道

四、绘制圆形跑道

1. 偏移（OFFSET）

"偏移"就是可以将对象复制,并且将复制对象偏移到给定的距离。可利用两种方式对选中对象进行偏移操作,从而创建新的对象。一种是按指定的距离进行偏移,另一种则是通过指定点来进行偏移。该命令常用于创建同心圆、平行线和平行曲线等。

命令调用方式:

(1) 菜单:选择【修改】→【偏移】命令。

(2) 工具栏:单击"修改"工具栏中的 按钮。

(3) 命令行:输入"OFFSET"或"O"后按<Enter>键。

调用该命令后,系统首先要求用户指定偏移的距离或选择"通过"选项指定"通过点"方式。

当前设置:删除源＝当前值 图层＝当前值 OFFSETGAPTYPE＝当前值

指定偏移距离或 ［通过(T)/删除(E)/图层(L)］<当前>：//指定距离、输入选项或按<Enter>键

然后系统提示用户选择需要进行偏移操作的对象或选择"exit"项结束命令:

选择要偏移的对象或 <退出>：//选择一个对象或按<Enter>键结束命令

选择对象后,如果是按距离偏移,系统提示用户指定偏移的方向(在进行偏移的一侧任选一点即可)。

指定要偏移的那一侧上的点,或 ［退出(E)/多个(M)/放弃(U)］<退出或下一个对象>：//指定对象上要偏移的那一侧上的点(1)或输入选项

而如果是按"通过点"方式进行偏移,则系统将提示用户指定"通过点"方式。

指定通过点或 ［退出(E)/多个(M)/放弃(U)］<退出或下一个对象>：//指定偏移对象要通过的点(1)或输入距离

图 3-7　绘制跑道

2. 操作步骤

利用多段线和偏移绘制图形,提示如下:

命令:_pline

指定起点:(正交开)

当前线宽为 0.0000

指定下一个点或 [圆弧(A)/半宽(H)/长度(L)/放弃(U)/宽度(W)]:90//鼠标指引方向

指定下一点或 [圆弧(A)/闭合(C)/半宽(H)/长度(L)/放弃(U)/宽度(W)]:a

指定圆弧的端点或[角度(A)/圆心(CE)/闭合(CL)/方向(D)/半宽(H)/直线(L)/半径(R)/第二个点(S)/放弃(U)/宽度(W)]:50

指定圆弧的端点或[角度(A)/圆心(CE)/闭合(CL)/方向(D)/半宽(H)/直线(L)/半径(R)/第二个点(S)/放弃(U)/宽度(W)]:L

指定下一点或 [圆弧(A)/闭合(C)/半宽(H)/长度(L)/放弃(U)/宽度(W)]:90

指定下一点或 [圆弧(A)/闭合(C)/半宽(H)/长度(L)/放弃(U)/宽度(W)]:a

指定圆弧的端点或[角度(A)/圆心(CE)/闭合(CL)/方向(D)/半宽(H)/直线(L)/半径(R)/第二个点(S)/放弃(U)/宽度(W)]:CL

命令:_offset

当前设置:删除源=否　图层=源　OFFSETGAPTYPE=0

指定偏移距离或 [通过(T)/删除(E)/图层(L)] <5.0000>:5

选择要偏移的对象,或 [退出(E)/放弃(U)] <退出>://单击画好的图形

指定要偏移的那一侧上的点,或 [退出(E)/多个(M)/放弃(U)] <退出>://单击内侧即可

五、绘制小房子

1. 移动(MOVE)

移动命令可以将用户所选择的一个或多个对象平移到其他位置,但不改变对象的方向和大小。

任务一

绘制小房子

命令调用方式:

(1) 菜单:选择【修改】→【移动】命令。

(2) 工具栏:单击"修改"工具栏中的 ✥ 按钮。

(3) 快捷菜单:选定对象后单击鼠标右键,弹出快捷菜单,选择"移动"项。

(4) 命令行:输入"MOVE"或"M"后按<Enter>键。

调用该命令后,系统将提示用户选择对象:

选择对象:

用户可在此提示下构造要移动的对象的选择集,并按<Enter>键确定,系统将提示:

指定基点或［位移(D)］＜位移＞：//指定基点或输入 d

要求用户指定一个基点(base point)，用户可通过键盘输入或鼠标选择来确定基点，此时系统提示为：

指定基点或［位移(D)］＜位移＞:指定第二点或 ＜使用第一点作为位移＞:

这时用户有两种选择：

(1) 指定第二点:系统将根据基点到第二点之间的距离和方向来确定选中对象的移动距离和移动方向。在这种情况下，移动的效果只与两个点之间的相对位置有关，而与点的绝对坐标无。

(2) 直接回车:系统将基点的坐标值作为相对的 X、Y、Z 位移值。在这种情况下，基点的坐标确定了位移矢量(即原点到基点之间的距离和方向)，因此，基点不能随意确定。

本任务将绘制如图 3-8 所示的小房子。

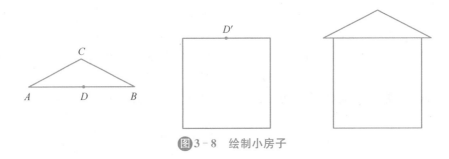

图3-8　绘制小房子

2. 操作步骤

利用正多边形、直线、移动命令绘制图形，提示如下：

命令：_polygon 输入侧面数 ＜3＞：4

指定正多边形的中心点或 ［边(E)］：e

指定边的第一个端点：指定边的第二个端点：＜正交 开＞ 80

命令：_line 指定第一点：//在 A 的位置点击。

指定下一点或 ［放弃(U)］：@60＜30 　//绘制 AC

命令：_line 指定第一点：

指定下一点或 ［放弃(U)］：@60＜-30 　//绘制 CB

命令：_line 指定第一点：

指定下一点或 ［放弃(U)］： 　//连接 AB

命令：_move

选择对象：指定对角点：找到 3 个//选择三角形 ABC,回车

指定基点或 ［位移(D)］＜位移＞：//单击中点 D

指定第二个点或 ＜使用第一个点作为位移＞：//移动到中点 D'

任务一

绘制梭形花

六、绘制梭形花

1. 旋转(ROTATE)

旋转命令可以改变用户所选择的一个或多个对象的方向(位置)。用户可通过指定一个基点和一个相对或绝对的旋转角来对选择对象进行旋转。

命令调用方式：

(1) 菜单：选择【修改】→【旋转】命令。

(2) 工具栏：单击"修改"工具栏中的 ○ 按钮。

(3) 快捷菜单：选定对象后单击鼠标右键，弹出快捷菜单，选择"旋转"项。

(4) 命令行：输入"ROTATE"或"RO"后按<Enter>键。

调用该命令后，系统首先提示 UCS 当前的正角方向，并提示用户选择对象：

UCS 当前的正角方向：ANGDIR＝当前值 ANGBASE＝当前值

选择对象：

用户可在此提示下构造要旋转的对象的选择集，并按<Enter>键确定，系统将提示：

指定基点：//指定一个基准点

指定旋转角度或 [复制(C)/参照(R)]：//输入角度或指定点，或者输入 c 或 r

用户首先需要指定一个基点，即旋转对象时的中心点，然后指定旋转的角度，这时有两种方式可供选择。

(1) 直接指定旋转角度：即以当前的正角方向为基准，按用户指定的角度进行旋转。

(2) 选择"参照(R)"：选择该选项后，系统首先提示用户指定一个参照角，然后再指定以参照角为基准的新的角度。

图 3 - 9　绘制梭形花图形

指定参照角度 <上一个参照角度>：// 通过输入值或指定两点来指定角度

指定新角度或 [点(P)] <上一个新角度>：// 通过输入值或指定两点来指定新的绝对角度

2. 操作步骤

利用直线、圆弧、镜像、旋转命令绘制图形，提示如下：

命令：_line 指定第一点：(正交开)

指定下一点或 [放弃(U)]：100

指定下一点或 [放弃(U)]：

命令：_arc 指定圆弧的起点或 [圆心(C)]：

指定圆弧的第二个点或 [圆心(C)/端点(E)]：_e

指定圆弧的端点：//利用起点\端点\半径画弧。

指定圆弧的圆心或 [角度(A)/方向(D)/半径(R)]：_r 指定圆弧的半径：80

命令：_mirror

选择对象：指定对角点：找到 2 个

指定镜像线的第一点：指定镜像线的第二点：//选择镜像线

要删除源对象吗？[是(Y)/否(N)]<N>://按<Enter>键

命令：_rotate

UCS 当前的正角方向： ANGDIR＝逆时针 ANGBASE＝0

选择对象：指定对角点：找到 3 个

指定基点：//选择右侧交点

指定旋转角度,或[复制(C)/参照(R)]<90>： c

旋转一组选定对象。

指定旋转角度,或[复制(C)/参照(R)]<90>：

命令：_rotate

UCS 当前的正角方向： ANGDIR＝逆时针 ANGBASE＝0

选择对象：指定对角点：找到 6 个

指定基点：(选择中心交点)

指定旋转角度,或[复制(C)/参照(R)]<180>： c

旋转一组选定对象。

指定旋转角度,或[复制(C)/参照(R)]<180>://在垂直方向单击即可

七、绘制浴盆

1. 拉伸(STRETCH)

拉伸命令可拉伸与选择窗口相交的圆弧、椭圆弧、直线、多段线、二维实体、射线、宽线和样条曲线。它移动窗口内的端点而不改变窗口外的端点,还移动窗口内的宽线和二维实体的顶点,而不改变窗口外的宽线和二维实体的顶点,且不修改实体和多段线宽度。

使用拉伸命令时,必须用交叉多边形或交叉窗口的方式来选择对象。如果将对象全部选中,则该命令相当于移动命令。如果选择了部分对象,则 STRETCH 命令只移动选择范围内的对象的端点,而其他端点保持不变。可用于 STRETCH 命令的对象包括圆弧、椭圆弧、直线、多段线线段、射线和样条曲线等。

命令调用方式：

(1) 菜单:选择【修改】→【拉伸】命令。

(2) 工具栏:单击"修改"工具栏中的 按钮。

(3) 命令行:输入"STRETCH"或"S"后按<Enter>键。

调用该命令后,系统提示用户使用交叉窗口或交叉多边形的方式来选择对象。

以交叉窗口或交叉多边形选择要拉伸的对象。

选择对象：

用交叉窗口选择方式选择两个交点://改变选择端点的位置其他不变

然后提示用户进行移动操作,操作过程同"移动"命令。

指定基点或[位移(D)]<位移>：

指定第二个点或<使用第一个点作为位移>：

本任务将绘制如图 3-10 所示的浴盆。

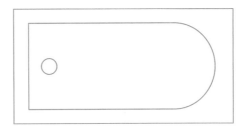

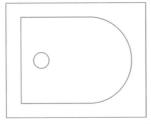　图3-10　用拉伸命令绘制浴盆

2. 操作步骤

使用矩形、多段线、圆弧和拉伸命令绘制图形,提示如下:

命令:_rectang

指定第一个角点或 [倒角(C)/标高(E)/圆角(F)/厚度(T)/宽度(W)]:

指定另一个角点或 [面积(A)/尺寸(D)/旋转(R)]:@100,—80

命令:_pline

指定起点:from

基点:<偏移>:@10,—10

当前线宽为 0.0000

指定下一个点或 [圆弧(A)/半宽(H)/长度(L)/放弃(U)/宽度(W)]:<正交 开> 50

指定下一点或 [圆弧(A)/闭合(C)/半宽(H)/长度(L)/放弃(U)/宽度(W)]:A

指定圆弧的端点或

[角度(A)/圆心(CE)/闭合(CL)/方向(D)/半宽(H)/直线(L)/半径(R)/第二个点(S)/放弃(U)/宽度(W)]:60

指定圆弧的端点或

[角度(A)/圆心(CE)/闭合(CL)/方向(D)/半宽(H)/直线(L)/半径(R)/第二个点(S)/放弃(U)/宽度(W)]:L

指定下一点或 [圆弧(A)/闭合(C)/半宽(H)/长度(L)/放弃(U)/宽度(W)]:50

指定下一点或 [圆弧(A)/闭合(C)/半宽(H)/长度(L)/放弃(U)/宽度(W)]:C

命令:_circle 指定圆的圆心或 [三点(3P)/两点(2P)/相切、相切、半径(T)]:from

基点:<偏移>:@15,0

指定圆的半径或 [直径(D)]:5

命令:_stretch

以交叉窗口或交叉多边形选择要拉伸的对象...

选择对象:指定对角点:找到 2 个

指定基点或 [位移(D)] <位移>://选择中心点为基点

指定第二个点或 <使用第一个点作为位移>: 50　//回车即可

任务一

拉长直线

八、拉长直线

1. 拉长(LENGTHEN)

拉长命令用于改变圆弧的角度,或改变非闭合对象的长度,包括直线、圆弧、非闭合多段线、椭圆弧和非闭合样条曲线等。

命令调用方式：

(1) 菜单：选择【修改】→【拉长】命令。

(2) 命令行：输入"LENGTHEN"或"LEN"后按<Enter>键。

调用该命令后，系统将提示用户选择对象：

选择对象或［增量(DE)/百分数(P)/全部(T)/动态(DY)］：

当用户选择了某个对象时，系统将显示该对象的长度，如果对象有包含角，则同时显示包含角度：

输入长度差值或［角度(A)］<当前>：//指定距离、输入"a"或按<Enter>键

其他选项则给出了 4 种改变对象长度或角度的方法。

(1) 增量：指定一个长度或角度的增量，并进一步提示用户选择对象。

选择对象或［增量(DE)/百分数(P)/全部(T)/动态(DY)］：DE

输入长度增量或［角度(A)］<0.0000>：

如果用户指定的增量为正值，则对象从距离选择点最近的端点开始增加一个增量长度（角度）；如果用户指定的增量为负值，则对象从距离选择点最近的端点开始缩短一个增量长度（角度）。

(2) 百分数：指定对象总长度或总角度的百分比来改变对象长度或角度，并进一步提示用户选择对象。

输入长度百分数 <当前>：//输入非零正值或按 Enter 键

选择要修改的对象或［放弃(U)］：//选择一个对象或输入"u"

如果用户指定的百分比大于 100，则对象从距离选择点最近的端点开始延伸，延伸后的长度（角度）为原长度（角度）与指定的百分比的乘积；如果用户指定的百分比小于 100，则对象从距离选择点最近的端点开始修剪，修剪后的长度（角度）为原长度（角度）与指定的百分比的乘积。

(3) 全部：指定对象修改后的总长度（角度）的绝对值，并进一步提示用户选择对象。

指定总长度或［角度(A)］<当前>：//指定距离，输入非零正值，输入"a"，或按<Enter>键

注意：用户指定的总长度（角度）值必须是非零正值，否则系统给出提示并要求用户重新指定：值必须为正且非零。

(4) 动态：指定该选项后，系统首先提示用户选择对象。

选择要修改的对象或［放弃(U)］：//选择一个对象或输入"u"

打开动态拖动模式，动态拖动距离选择点最近的端点，然后根据被拖动的端点的位置改变选定对象的长度（角度）。

用户在使用以上 4 种方法进行修改时，均可连续选择一个或多个对象实现连续多次修改，并可随时选择"放弃"选项来取消最后一次的修改。

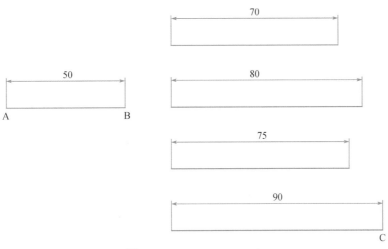

图 3－11　四种方式拉长直线

2.操作步骤

利用直线、尺寸标注、拉伸命令进行绘制,提示如下:

命令:_line 指定第一点:

指定下一点或[放弃(U)]:(正交开)50

指定下一点或[放弃(U)]:

命令:_dimlinear

指定第一条尺寸界线原点或<选择对象>:

指定第二条尺寸界线原点:

指定尺寸线位置或

[多行文字(M)/文字(T)/角度(A)/水平(H)/垂直(V)/旋转(R)]:

标注文字 = 50

命令:_lengthen

选择对象或[增量(DE)/百分数(P)/全部(T)/动态(DY)]:DE

输入长度增量或[角度(A)]<0.0000>:20

选择要修改的对象或[放弃(U)]://选择直线回车即可

命令:_lengthen

选择对象或[增量(DE)/百分数(P)/全部(T)/动态(DY)]:P

输入长度百分数<100.0000>:160

选择要修改的对象或[放弃(U)]://选择直线回车即可

命令:_lengthen

选择对象或[增量(DE)/百分数(P)/全部(T)/动态(DY)]:T

指定总长度或[角度(A)]<1.0000>:75

选择要修改的对象或[放弃(U)]://选择直线回车即可

命令:_lengthen

选择对象或[增量(DE)/百分数(P)/全部(T)/动态(DY)]:DY

选择要修改的对象或[放弃(U)]://选择直线

指定新端点：//点击 C 点回车确认

任务一

延伸和修剪图形

九、修剪和延伸图形

1. 修剪（TRIM）

修剪命令用来修剪图形实体。该命令的用法很多，不仅可以修剪相交或不相交的二维对象，还可以修剪三维对象。

命令调用方式：

（1）菜单：选择【修改】→【修剪】命令。

（2）工具栏：单击"修改"工具栏中的 $-/-$ 按钮。

（3）命令行：输入"TRIM"或"TR"后按＜Enter＞键。

调用该命令后，系统首先显示"TRIM"命令的当前设置，并提示用户选择修剪边界：

当前设置：投影＝当前值，边＝当前值

选择剪切边...

选择对象或 ＜全部选择＞：//选择一个或多个对象并按＜Enter＞键，或者按＜Enter＞键选择所有显示的对象

用户确定修剪边界后，系统进一步提示如下：

选择要修剪的对象或按住 Shift 键选择要延伸的对象或 [栏选(F)/窗交(C)/投影(P)/边(E)/删除(R)/放弃(U)]：//选择要修剪的对象、按住＜Shift＞键选择要延伸的对象，或输入选项

此时，用户可选择如下操作：

直接用鼠标选择被修剪的对象。

按＜Shift＞键的同时来选择对象，这种情况下可作为"延伸"命令使用。用户所确定的修剪边界即作为延伸的边界。

【投影】选项：指定修剪对象时是否使用投影模式。

【边】选项：指定修剪对象时是否使用延伸模式，系统提示如下：

输入隐含边延伸模式[延伸(E)/不延伸(N)]＜不延伸＞：

➤ 注意：其中"Extend"选项可以在修剪边界与被修剪对象不相交的情况下，假定修剪边界延伸至被修剪对象并进行修剪。而同样的情况下，使用"不延伸"模式则无法进行修剪。

2. 延伸（EXTEND）

在 AutoCAD 中，可以使用"延伸"命令拉长对象。可以延长指定的对象与另一对象相交或外观相交。

命令调用方式：

（1）菜单：选择【修改】→【延伸】命令。

（2）工具栏：单击"修改"工具栏中的 $-/$ 按钮。

（3）命令行：输入"EXTEND"后按＜Enter＞键。

延伸命令的使用方法和修剪命令的使用方法相似，不同之处在于：使用延伸命令时，如果在按下＜Shift＞键的同时选择对象，则执行修剪命令；使用修剪命令时，如果在按下

<Shift>键的同时选择对象,则执行延伸命令。

在绘图过程中,有时希望某个实体在某点断开,截取实体中的一部分。AutoCAD 中提供了打断命令。修剪图形,将实体的多余部分除去,使用修剪命令可完成此项功能,使作图更方便。

图 3-12　用延伸和修剪绘制图形

3. 操作步骤

利用直线、偏移、圆弧、延伸和修剪命令绘制图形,提示如下:

命令:_line 指定第一点:

指定下一点或 [放弃(U)]:100

命令:_offset

当前设置:删除源=否　图层=源　OFFSETGAPTYPE=0

指定偏移距离或 [通过(T)/删除(E)/图层(L)] <10.0000>:　10

选择要偏移的对象,或 [退出(E)/放弃(U)] <退出>:

指定要偏移的那一侧上的点,或 [退出(E)/多个(M)/放弃(U)] <退出>:

选择要偏移的对象,或 [退出(E)/放弃(U)] <退出>:

指定要偏移的那一侧上的点,或 [退出(E)/多个(M)/放弃(U)] <退出>:

选择要偏移的对象,或 [退出(E)/放弃(U)] <退出>:

命令:_line 指定第一点:

指定下一点或 [放弃(U)]://连接左侧垂直线

命令:_arc 指定圆弧的起点或 [圆心(C)]://绘制圆弧

指定圆弧的第二个点或 [圆心(C)/端点(E)]:

指定圆弧的端点:

命令:_extend

当前设置:投影=UCS,边=无

选择边界的边…

选择对象或 <全部选择>:找到 1 个

选择要延伸的对象,或按住 Shift 键选择要修剪的对象,或

[栏选(F)/窗交(C)/投影(P)/边(E)/放弃(U)]:指定对角点://选择需要延伸的三条线

命令:_trim

当前设置:投影=UCS,边=无

选择剪切边…

选择对象或 <全部选择>:指定对角点:找到 5 个

选择要修剪的对象,或按住 Shift 键选择要延伸的对象,或

［栏选(F)/窗交(C)/投影(P)/边(E)/删除(R)/放弃(U)］：//重复选择   **任务一**

需修剪的边完成制作

十、按尺寸缩放图形

按尺寸缩放图形

1. 比例缩放(SCALE)

比例缩放命令可以改变用户所选择的一个或多个对象的大小,即在 x、y 和 z 方向等比例放大或缩小对象。

命令调用方式:

(1) 菜单:选择【修改】→【比例】命令。

(2) 工具栏:单击"修改"工具栏中的⬜按钮。

(3) 快捷菜单:选定对象后单击鼠标右键,弹出快捷菜单,选择"比例"项。

(4) 命令行:输入"SCALE"或"SC"后按<Enter>键。

调用该命令后,系统首先提示用户选择对象:

用户可在此提示下构造要比例缩放的对象的选择集,并按<Enter>键确定,系统进一步提示:

指定基点:

指定比例因子或［复制(C)/参照(R)］：//指定比例、输入"c"或输入"r"

用户首先需要指定一个基点,即进行缩放时的中心点,然后指定比例因子,这时有两种方式可供选择。

比例因子:大于 1 的比例因子使对象放大,而 0～1 之间的比例因子将使对象缩小。

参照:选择该选项后,系统首先提示用户指定参照长度(缺省为 1),然后再指定一个新的长度,并以新的长度与参照长度之比作为比例因子。

指定参照长度 <1>：//指定缩放选定对象的起始长度

指定新的长度或［点(P)］：//指定将选定对象缩放到的最终长度,或输入"p",使用两点来定义长度

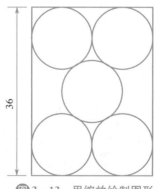

图 3 - 13　用缩放绘制图形

2. 操作步骤

利用构造线、圆、直线、偏移、延伸、镜像和修剪命令绘制,提示如下:

命令:_xline 指定点或［水平(H)/垂直(V)/角度(A)/二等分(B)/偏移(O)］:

指定通过点：（绘制水平轴线）

XLINE 指定点或［水平(H)/垂直(V)/角度(A)/二等分(B)/偏移(O)］：

指定通过点：（绘制垂直轴线）

命令：_circle 指定圆的圆心或［三点(3P)/两点(2P)/相切、相切、半径(T)］：

指定圆的半径或［直径(D)］＜10.0000＞：10

命令：_circle 指定圆的圆心或［三点(3P)/两点(2P)/相切、相切、半径(T)］：T

指定对象与圆的第一个切点：

指定对象与圆的第二个切点：（捕捉切点）

指定圆的半径 ＜10.0000＞：10

命令：_offset

当前设置：删除源＝否　图层＝源　OFFSETGAPTYPE＝0

指定偏移距离或［通过(T)/删除(E)/图层(L)］＜通过＞：　20

选择要偏移的对象，或［退出(E)/放弃(U)］＜退出＞：//垂直轴线偏移左、右

指定要偏移的那一侧上的点，或［退出(E)/多个(M)/放弃(U)］＜退出＞：

选择要偏移的对象，或［退出(E)/放弃(U)］＜退出＞：

指定要偏移的那一侧上的点，或［退出(E)/多个(M)/放弃(U)］

命令：_line 指定第一点：

指定下一点或［放弃(U)］：　//利用捕捉绘制上侧水平线

指定下一点或［放弃(U)］：

命令：_extend

当前设置：投影＝UCS,边＝无

选择边界的边...

选择对象或 ＜全部选择＞：　找到 1 个

选择要延伸的对象，或按住 Shift 键选择要修剪的对象，或

［栏选(F)/窗交(C)/投影(P)/边(E)/放弃(U)］：

选择要延伸的对象，或按住 Shift 键选择要修剪的对象，或

［栏选(F)/窗交(C)/投影(P)/边(E)/放弃(U)］：　//利用延伸、修剪绘制上侧图形

命令：_mirror

选择对象：找到 3 个

选择对象：

指定镜像线的第一点：指定镜像线的第二点：//选择中线

要删除源对象吗？［是(Y)/否(N)］＜N＞：

令：_trim

当前设置：投影＝UCS,边＝无

选择剪切边... 找到 13 个

选择要修剪的对象，或按住 Shift 键选择要延伸的对象，或

［栏选(F)/窗交(C)/投影(P)/边(E)/删除(R)/放弃(U)］：

（重复修剪动作）

命令：_.erase 找到 2 个 //删除两条轴线

命令：_scale

选择对象:指定对角点:找到 11 个

选择对象://选择全部图形

指定基点://选择左上点

指定比例因子或［复制(C)/参照(R)］<1>：　R

指定参照长度<36.0000>：　指定第二点://左侧垂直线长度

指定新的长度或［点(P)］<1.0000>：　36//回车确认即可

任务一
打断图形

十一、打断图形

1. 打断(BREAK)

打断命令可以把对象上指定两点之间的部分删除,当指定的两点相同时,则对象分解为两个部分。这些对象包括直线、圆弧、圆、多段线、椭圆、样条曲线和圆环等。

命令调用方式:

(1) 菜单:选择【修改】→【打断】命令。

(2) 工具栏:单击"修改"工具栏中的▱按钮。

(3) 命令行:输入"BREAK"或"BR"后按<Enter>键。

调用该命令后,系统将提示用户选择对象。

Break 选择对象://使用某种对象选择方法,或指定对象上的第一个打断点

用户选择某个对象后,系统把选择点作为第一断点,并提示下用户选择第二断点。

指定第二个打断点或［第一点(F)］://指定第二个打断点,或输入"f"

如果用户需要重新指定第一断点,则可选择"第一点"选项,系统将分别提示用户选择第一、第二断点。

指定第一个打断点://单击一点作为第一打断点

指定第二个打断点://单击一点作为第二打断点

图3-14　用打断修改图形

2. 操作步骤

利用圆、正多边形、圆弧、打断命令绘制,提示如下:

命令:_circle 指定圆的圆心或［三点(3P)/两点(2P)/相切、相切、半径(T)］:

指定圆的半径或［直径(D)］<50.0000>：50

命令:_polygon 输入边的数目 <5>：5

指定正多边形的中心点或［边(E)］:(选择中心点)

输入选项［内接于圆(I)/外切于圆(C)］<I>:

指定圆的半径：（捕捉圆正上方象限点）

命令：_arc 指定圆弧的起点或［圆心(C)］：

指定圆弧的第二个点或［圆心(C)/端点(E)］：_e

指定圆弧的端点：（逆时针选择圆弧端点）

指定圆弧的圆心或［角度(A)/方向(D)/半径(R)］：_a 指定包含角：240

（重复以上动作4次或环行阵列完成）

命令：_.erase 找到1个

命令：_break 选择对象：

指定第二个打断点 或［第一点(F)］：f

指定第一个打断点：//单击A处

指定第二个打断点：//单击B处，即完成绘制

任务一

分解和合并图形

十二、分解和合并图形

1. 分解(EXPLODE)

分解命令用于分解组合对象，组合对象即由多个 AutoCAD 基本对象组合而成的复杂对象，例如多段线、多线、标注、块、面域、多面网格、多边形网格、三维网格以及三维实体等。分解的结果取决于组合对象的类型。

命令调用方式：

(1) 菜单：选择【修改】→【分解】命令。

(2) 工具栏：单击"修改"工具栏中的 按钮。

(3) 命令行：输入"EXPLODE"或"X"后按<Enter>键。

➤ **注意**：如果分解有线宽的多段线后，可以发现原本有宽度的多段线，其宽度变为0。

2. 合并(JOIN)

如果需要连接某一连续图形上的两个部分，或者将某段圆弧闭合为整圆，可以选择"合并"命令。

命令调用方式：

(1) 菜单：选择【修改】→【合并】命令。

(2) 工具栏：单击"修改"工具栏中的 按钮。

(3) 命令行：输入"JOIN"后按<Enter>键。

执行该命令选择要合并的对象，命令行将显示如下提示信息。

命令：_join 选择源对象：//选择对象，以合并到源或进行［闭合(L)］：L//输入"L"对对象进行闭合

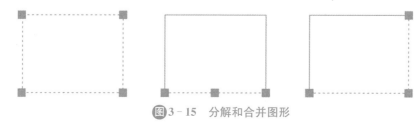

图3－15　分解和合并图形

3. 操作步骤

利用矩形、分解、多段线命令,提示如下:

命令:_rectang

指定第一个角点或 [倒角(C)/标高(E)/圆角(F)/厚度(T)/宽度(W)]:

指定另一个角点或 [面积(A)/尺寸(D)/旋转(R)]:@200,150

命令:_explode

选择对象:找到 1 个//单击矩形,回车

命令:pedit

选择多段线或 [多条(M)]:

选定的对象不是多段线

是否将其转换为多段线? <Y> y

输入选项 [闭合(C)/合并(J)/宽度(W)/编辑顶点(E)/拟合(F)/样条曲线(S)/非曲线化(D)/线型生成(L)/放弃(U)]:J

选择对象:找到 1 个

选择对象:找到 1 个,总计 2 个//选择对象即可合并

十三、绘制道路平面图

1. 倒圆角(FILLET)

任务一

倒圆角

倒圆角命令用来创建圆角,可以通过一个指定半径的圆弧来光滑地连接两个对象。可以进行圆角处理的对象包括直线、多段线的直线段、样条曲线、构造线、射线、圆、圆弧和椭圆等。其中,直线、构造线和射线在相互平行时也可进行圆角。在 AutoCAD 中也可以为所有真实(三维)实体创建圆角。

命令调用方式:

(1) 菜单:选择【修改】→【圆角】命令。

(2) 工具栏:单击"修改"工具栏中的◻按钮。

(3) 命令行:输入"FILLET"或"F"后按<Enter>键。

调用该命令后,系统首先显示 FILLET 命令的当前设置,并提示用户选择进行圆角操作的对象。

当前设置:模式=当前值,半径=当前值

选择第一个对象或 [放弃(U)/多段线(P)/半径(R)/修剪(T)/多个(M)]://使用对象选择方法或输入选项

此外,用户也可选择如下选项。

(1) 多段线:选择该选项后,系统提示用户指定二维多段线,并在二维多段线中两条线段相交的每个顶点处插入圆角弧。

(2) 半径:指定圆角的半径,系统提示如下:

选择二维多段线:

(3) 修剪:指定进行圆角操作时是否使用修剪模式,系统提示如下:

输入修剪模式选项 [修剪(T)/不修剪(N)] <当前>://输入选项或按<Enter>键

其中"修剪"选项可以自动修剪进行圆角的对象,使之延伸到圆角的端点。而使用"不

修剪"选项则不进行修剪。两种模式的比较如图 3-16 所示。

在"No Trim"模式下创建圆角　　　　　　　　　在"Trim"模式下创建圆角

图3-16　圆角设置示意图

> **注意:**① 如果要进行圆角的两个对象都位于同一图层,那么圆角线将位于该图图层。否则,圆角将位于当前图层中。此规则同样适用于圆角、颜色、线型和线宽。② 系统变量 TRIMMODE 控制圆角和倒角的修剪模式。如果取值为 1(缺省值),则使用修剪模式;如果取值为 0 则不修剪。

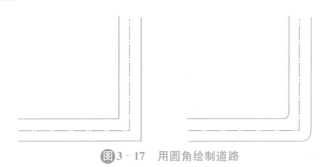

图3-17　用圆角绘制道路

2. 倒角(chamfer)

倒角命令用来创建倒角,即将两个非平行的对象,通过延伸或修剪使它们相交或利用斜线连接。用户可使用两种方法来创建倒角,一种是指定倒角两端的距离,另一种是指定一端的距离和倒角的角度。

命令调用方式:

(1) 菜单:选择【修改】/【倒角】命令。

(2) 工具栏:单击【修改】工具栏中的⌀按钮。

(3) 命令行:输入"CHAMFER"或"CHA"后按<Enter>键。

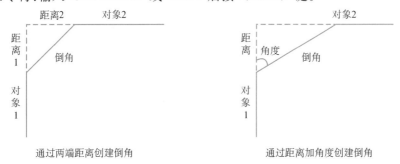

通过两端距离创建倒角　　　　　　　　　通过距离加角度创建倒角

图3-18　倒角设置示意图

调用该命令后,系统首先显示 CHAMFER 命令的当前设置,并提示用户选择进行倒角操作的对象。

("修剪"模式)当前倒角距离 1=当前,距离 2=当前

选择第一条直线或[放弃(U)/多段线(P)/距离(D)/角度(A)/修剪(T)/方式(E)/多个(M)]://使用对象选择方式或输入选项

此外,用户也可选择如下选项。

(1) 多段线:该选项用法同 FILLET 命令。

(2) 距离:指定倒角两端的距离,系统提示如下:

指定第一个倒角距离 <当前>://给一个数值作为第一个倒角距离

指定第二个倒角距离 <当前>://给一个数值作为第二个倒角距离

(3) 角度:指定倒角一端的长度和角度,系统提示如下:

指定第一条直线的倒角长度 <当前>:

指定第一条直线的倒角角度 <当前>:

(4) 修剪:该选项用于设置修剪的模式选项,系统提示如下:

输入修剪模式选项[修剪(T)/不修剪(N)]<修剪>

(5) 方式:该选项用于决定创建倒角的方法,即使用两个距离的方法或使用距离加角度的方法。

(6) 多个:为多组对象的边倒角。CHAMFER 将重复显示主提示和"选择第二个对象"的提示,直到用户按<Enter>键结束命令。

➤ **说明**:使用 CHAMFER 命令时必须先启动命令,然后选择要编辑的对象。启动该命令时已选择的对象将自动取消选择状态。

➤ **注意**:如果要进行倒角的两个对象都位于同一图层,那么倒角线将位于该图层。否则,倒角线将位于当前图层中。此规则同样适用于颜色、线型和线宽。

3. 操作步骤

利用多段线、偏移、修剪命令绘制图形,提示如下:

命令:_limits

重新设置模型空间界限:

指定左下角点或[开(ON)/关(OFF)]<0.0000,0.0000>:

指定右上角点 <90000.0000,60000.0000>:

命令:_pline

指定起点:

当前线宽为 90.0000

指定下一个点或[圆弧(A)/半宽(H)/长度(L)/放弃(U)/宽度(W)]:15000

指定下一点或[圆弧(A)/闭合(C)/半宽(H)/长度(L)/放弃(U)/宽度(W)]:15000

命令:_offset

当前设置:删除源=否　图层=源　OFFSETGAPTYPE=0

指定偏移距离或[通过(T)/删除(E)/图层(L)]<通过>: 1500

选择要偏移的对象,或[退出(E)/放弃(U)]<退出>:

指定要偏移的那一侧上的点,或[退出(E)/多个(M)/放弃(U)]<退出>:

选择要偏移的对象,或[退出(E)/放弃(U)]<退出>:

指定要偏移的那一侧上的点,或[退出(E)/多个(M)/放弃(U)]<退出>:

命令:_fillet

当前设置:模式 = 修剪,半径 = 0.0000

选择第一个对象或[放弃(U)/多段线(P)/半径(R)/修剪(T)/多个(M)]:R

指定圆角半径<0.0000>:1500

选择第一个对象或[放弃(U)/多段线(P)/半径(R)/修剪(T)/多个(M)]:

选择第二个对象,或按住 Shift 键选择要应用角点的对象:

命令:_fillet

当前设置:模式 = 修剪,半径 = 1500.0000

选择第一个对象或[放弃(U)/多段线(P)/半径(R)/修剪(T)/多个(M)]:R

指定圆角半径<1500.0000>:1000

选择第一个对象或[放弃(U)/多段线(P)/半径(R)/修剪(T)/多个(M)]:

选择第二个对象,或按住 Shift 键选择要应用角点的对象://单击两条直线完成

▶ 任务二　楼梯剖面图的绘制 ◀

任务描述

本部分任务在掌握 AutoCAD 基本命令的基础上,完成楼梯剖面图的绘制。

任务二

绘制楼梯剖面图

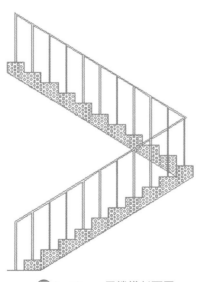

图3-19　一层楼梯剖面图

知识、技能目标

会运用直线、多线、复制、修剪、分解、偏移和倒角来绘制楼梯剖面图。

 任务实现

具体提示如下：

命令：'_limits

重新设置模型空间界限：

指定左下角点或［开(ON)/关(OFF)］<0.0000,0.0000>：

指定右上角点 <420.0000,297.0000>：42000,29700

命令：'_zoom

指定窗口的角点，输入比例因子（nX 或 nXP），或者

［全部(A)/中心(C)/动态(D)/范围(E)/上一个(P)/比例(S)/窗口(W)/对象(O)］

<实时>：_all 正在重生成模型。

命令：_line 指定第一点：

指定下一点或［放弃(U)］：<正交 开> 250

指定下一点或［闭合(C)/放弃(U)］：150

指定下一点或［闭合(C)/放弃(U)］：250

指定下一点或［闭合(C)/放弃(U)］：150

指定下一点或［闭合(C)/放弃(U)］：250

（以上动作重复 8 次）

命令：_mirror

选择对象：指定对角点：找到 21 个

选择对象：

指定镜像线的第一点：指定镜像线的第二点：

要删除源对象吗？［是(Y)/否(N)］<N>：//镜像绘

制二跑楼梯，如图 3－20 所示

命令：_mline

当前设置：对正＝上，比例＝20.00,样式＝STANDARD

指定起点或［对正(J)/比例(S)/样式(ST)］：j

输入对正类型［上(T)/无(Z)/下(B)］<上>：z

当前设置：对正＝无，比例＝20.00,样式＝STANDARD

指定起点或［对正(J)/比例(S)/样式(ST)］：

指定下一点：700

命令：_copy

选择对象：指定对角点：找到 1 个

［位移(D)］<位移>：指定第二个点或 <使用第一

个点作为位移>：<正交 关>

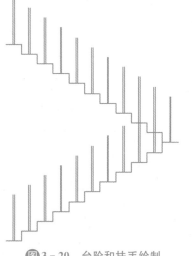

图3－20　台阶和扶手绘制

指定第二个点或［退出(E)/放弃(U)］＜退出＞：

指定第二个点或［退出(E)/放弃(U)］＜退出＞：

(重复以上动作利用捕捉中点复制所有扶手)

命令：_mledit

选择第一条多线：

选择第二条多线：

选择第一条多线 或［放弃(U)］：

选择第二条多线：

选择第一条多线 或［放弃(U)］：

(利用编辑多线命令,选择 T 形打开和角点结合修剪扶手)

命令：_line 指定第一点：//以下步骤绘制底座轮廓

指定下一点或［放弃(U)］：　＜正交 开＞150

命令：_line 指定第一点：

指定下一点或［放弃(U)］：　＜正交 关＞

命令：_offset

当前设置：删除源＝否　图层＝源　OFFSETGAPTYPE＝0

指定偏移距离或［通过(T)/删除(E)/图层(L)］＜通过＞：t

选择要偏移的对象,或［退出(E)/放弃(U)］＜退出＞：

指定通过点或［退出(E)/多个(M)/放弃(U)］＜退出＞：

选择要偏移的对象,或［退出(E)/放弃(U)］＜退出＞：

命令：

命令：_.erase 找到 1 个　//以下通过修剪和延伸修饰楼梯底座轮廓

命令：_extend

当前设置：投影＝UCS,边＝无

选择边界的边…

选择对象或 ＜全部选择＞：　找到 1 个

命令：_trim

当前设置：投影＝UCS,边＝无

选择剪切边…找到 2 个

选择要修剪的对象,或按住 Shift 键选择要延伸的对象,或

［栏选(F)/窗交(C)/投影(P)/边(E)/删除(R)/放弃(U)］：

命令：_bhatch//填充楼梯底座轮廓

拾取内部点或［选择对象(S)/删除边界(B)］：　正在选择所有对象…

正在选择所有可见对象…//图案选择 HEX,比例填写 5

正在分析所选数据…

正在分析内部孤岛…

拾取内部点或［选择对象(S)/删除边界(B)］：//填充选项设置如图 3-21 所示

图3-21 填充选项设置

▶ 任务三 坐便器平面图的绘制 ◀

 任务描述

本部分任务在掌握 AutoCAD 基本命令的基础上,完成坐便器平面图的绘制。

任务三

绘制坐便器平面图

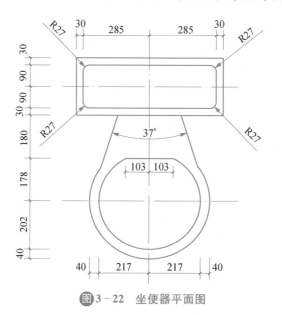

图3-22 坐便器平面图

知识、技能目标

会运用构造线、矩形、椭圆、偏移、分解、偏移和倒圆角、标注来绘制楼梯剖面图。

 任务实现

具体提示如下：

命令：'_limits

重新设置模型空间界限：

指定左下角点或［开(ON)/关(OFF)］<0.0000,0.0000>：

指定右上角点 <420.0000,297.0000>：800,1000

命令： <栅格 开>

命令：'_zoom

指定窗口的角点，输入比例因子 (nX 或 nXP)，或者

［全部(A)/中心(C)/动态(D)/范围(E)/上一个(P)/比例(S)/窗口(W)/对象(O)］

<实时>：_all 正在重生成模型

命令：_rectang

指定第一个角点或［倒角(C)/标高(E)/圆角(F)/厚度(T)/宽度(W)］：

指定另一个角点或［面积(A)/尺寸(D)/旋转(R)］：@630，−240

命令：_offset

当前设置：删除源＝否　图层＝源　OFFSETGAPTYPE＝0

指定偏移距离或［通过(T)/删除(E)/图层(L)］<通过>： 30

选择要偏移的对象，或［退出(E)/放弃(U)］<退出>：

指定要偏移的那一侧上的点，或［退出(E)/多个(M)/放弃(U)］<退出>：

选择要偏移的对象，或［退出(E)/放弃(U)］<退出>：

命令：_fillet

当前设置：模式＝修剪，半径＝0.0000

选择第一个对象或［放弃(U)/多段线(P)/半径(R)/修剪(T)/多个(M)］：r

指定圆角半径 <0.0000>：27

选择第一个对象或［放弃(U)/多段线(P)/半径(R)/修剪(T)/多个(M)］：p

选择二维多段线：//选择矩形

两条直线已被圆角。

命令：_offset

当前设置：删除源 ＝ 否　　图层 ＝ 源 OFFSETGAPTYPE＝0

指定偏移距离或［通过(T)/删除(E)/图层

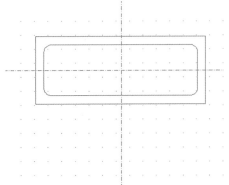

图3-23　水箱绘制

(L)]＜30.0000＞：　478

　　选择要偏移的对象，或［退出(E)/放弃(U)］＜退出＞：

　　指定要偏移的那一侧上的点，或［退出(E)/多个(M)/放弃(U)］＜退出＞：

　　选择要偏移的对象，或［退出(E)/放弃(U)］＜退出＞：

　　命令：_ellipse

　　指定椭圆的轴端点或［圆弧(A)/中心点(C)］：c

　　指定椭圆的中心点：　　　　//选择椭圆中心

　　指定轴的端点：@−257,0

　　指定另一条半轴长度或［旋转(R)］：242

　　命令：_offset

　　当前设置：删除源=否　图层=源　OFFSETGAP
TYPE=0

　　指定偏移距离或［通过(T)/删除(E)/图层(L)］
＜478.0000＞：　40

　　选择要偏移的对象，或［退出(E)/放弃(U)］＜
退出＞：　　　//向椭圆内偏移

　　命令：_offset

　　当前设置：删除源＝否　　图层＝源
OFFSETGAPTYPE=0

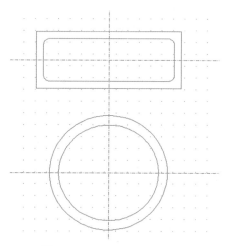

　　指定偏移距离或［通过(T)/删除(E)/图层(L)］＜40.0000＞：　178

　　选择要偏移的对象，或［退出(E)/放弃(U)］＜退出＞：　　　//选择椭圆长轴向上偏移

　　指定要偏移的那一侧上的点，或［退出(E)/多个(M)/放弃(U)］＜退出＞：

　　命令：_line 指定第一点：

　　指定下一点或［放弃(U)］：

　　指定下一点或［放弃(U)］：

　　命令：_.erase 找到 1 个

　　命令：_xline 指定点或［水平(H)/垂直(V)/角度(A)/二等分(B)/偏移(O)］：a

　　输入构造线的角度 (0) 或［参照(R)］：

71.5

　　指定通过点：from

　　基点：＜偏移＞：@−120,0

　　指定通过点：

　　命令：_mirror

　　选择对象：找到 1 个

　　选择对象：

　　指定镜像线的第一点：指定镜像线的第
二点：

　　要删除源对象吗?［是 (Y)/否 (N)］
＜N＞：

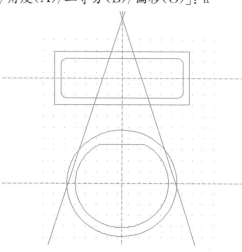

　　命令：_trim

当前设置:投影＝UCS,边＝无

选择剪切边… 找到 10 个

选择要修剪的对象,或按住 Shift 键选择要延伸的对象,或

［栏选(F)/窗交(C)/投影(P)/边(E)/删除(R)/放弃(U)］://进行修剪和删除

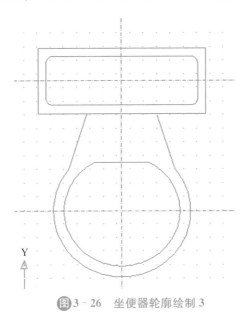

图 3－26　坐便器轮廓绘制 3

设置标注样式:新建样式 1,配置如图 3－27 所示,调整全局比例为 10。

图 3－27　标注样式

命令：_dimlinear

指定第一条尺寸界线原点或 ＜选择对象＞：

指定第二条尺寸界线原点：

指定尺寸线位置或

[多行文字(M)/文字(T)/角度(A)/水平(H)/垂直(V)/旋转(R)]：

标注文字 ＝ 478

命令：_dimradius

选择圆弧或圆：

标注文字 ＝ 27

指定尺寸线位置或 [多行文字(M)/文字(T)/角度(A)]：

命令：_dimangular

选择圆弧、圆、直线或 ＜指定顶点＞：

选择第二条直线：

指定标注弧线位置或 [多行文字(M)/文字(T)/角度(A)]：//单击相应位置标注,完成绘制

 习　题

一、选择题

1. AutoCAD 中用拉伸命令编辑图形对象时,应采用的选择方式为(　　)。

A. 点选　　　　　　　B. 窗选　　　　　　　C. 压窗选　　　　　　　D. 全选

2. 在 AutoCAD 中,如果 0 图层在被锁死的图层上,则(　　)。

A. 不显示本图层的图形　　　　　　　B. 不可修改本图层图形

C. 不能增画新的图形　　　　　　　　D. 以上全不能

3. 下列编辑工具中,不能实现"改变位置"功能的是(　　)。

A. 移动　　　　　　　B. 比例　　　　　　　C. 旋转　　　　　　　D. 阵列

4. 在修改编辑时,只以采用交叉多边形窗口选取的编辑命令是(　　)。

A. 拉长　　　　　　　B. 延伸　　　　　　　C. 比例　　　　　　　D. 拉伸

5. 拉伸命令"STRETCH"拉伸对象时,不能(　　)。

A. 把圆拉伸为椭圆　　　　　　　　　B. 把正方形拉伸成长方形

C. 移动对象特殊点　　　　　　　　　D. 整体移动对象

6. 在使用拉伸命令时,与选取窗口相交的对象会被_____,完全在选取窗口外的对象会_____,而完全在窗口内的对象会_____。(　　)

A. 移动　不变　不变　　　　　　　　B. 不变　拉伸　移动

C. 移动　不变　拉伸　　　　　　　　D. 拉伸　不变　移动

7. 下列哪种对象不能利用偏移命令偏移(　　)。

A. 文本　　　　　　　B. 圆弧　　　　　　　C. 直线　　　　　　　D. 样条曲线

8. 对(　　)对象执行倒角命令无效。

A. 直线　　　　　　　B. 多段线　　　　　　C. 构造线　　　　　　D. 圆弧

9. 选中一个对象,处于夹点编辑状态,按(　　)键,可以切换夹点编辑模式,如镜像、移

动、旋转、拉伸或缩放。

A. Shift　　　　　　　B. Tab　　　　　　　C. Ctrl　　　　　　　D. Enter

10. 用夹点编辑图形时,不能直接完成(　　)操作。

A. 镜像　　　　　　　B. 比例缩放　　　　　C. 复制　　　　　　　D. 阵列

二、操作题

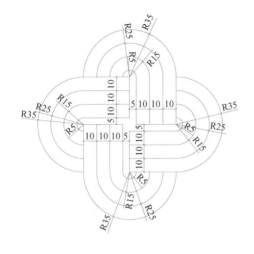

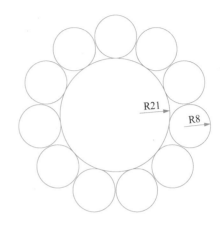

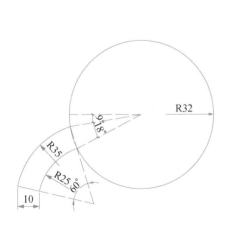

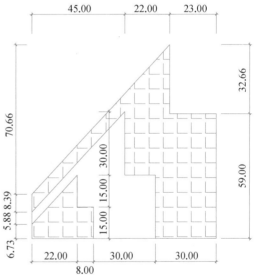

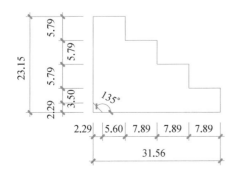

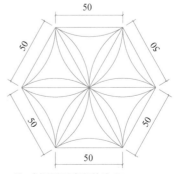

注:本图圆弧半径均为50.

项目四　建筑施工图的绘制

学习目标
　　◆ 了解建筑施工图的基本知识和图示内容，熟悉建筑施工图的绘图方法；
　　◆ 了解利用 AutoCAD 软件进行建筑工程设计的方法和步骤；
　　◆ 掌握创建建筑工程图形样板和标注样式的方法；
　　◆ 能熟练利用 AutoCAD 软件进行建筑施工图设计；
　　◆ 能熟练利用 AutoCAD 软件绘制建筑平面图、立面图、剖面图和详图。
具体任务
　　1. 建筑工程图样设置；　　　　　2. 建筑平面图绘制；
　　3. 建筑立面图的绘制；　　　　　4. 建筑剖面图的绘制；
　　5. 建筑大样图的绘制。

一、建筑与建筑工程图样设置

AutoCAD 提供的绝大部分样板图并不完全符合我国制图标准，因此需要建立自己的样板图文件。一般样板图文件应包含的具体内容包括图形界限、单位、捕捉模式、坐标显示、图层、线型、系统变量的设置、文字样式、尺寸标注样式、常用符号、绘制或调用图框、打印样式、出图比例及图纸大小等。

1. 绘图单位类型和精度的设置

一般情况下，绘图单位采用十进制单位，用户可以采取 1∶1 的比例绘图，所有的直线、圆和其他对象都可以用真实大小来绘制。长度单位类型选"小数"，精度为"0"。角度可选"十进制度数"。

2. 图形界限的设置

常用图纸规格为 A0～A4，图形界限应设置为与选定图纸的大小相等或略大。

3. 图层设置

（1）创建图层

打开图层特性管理器，选中"0"图层，依次按键盘上的 <Enter> 键，分别创建"轴线""墙线""门窗""楼梯""文本""标注"等 10 个图层，结果如图 4-1 所示。

（2）设置图层颜色

① 选择刚创建的"轴线"图层将其激活，在其颜色图标上单击系统弹出"选择颜色"对话框，在底部的颜色文本框中输入 126。

② 单击"确定"按钮,"轴线"图层颜色设置为 242 色。

③ 采用同样方法,分别激活其他图层,在打开"选择颜色"(Select Color)对话框中选择颜色,完成图层颜色设置。

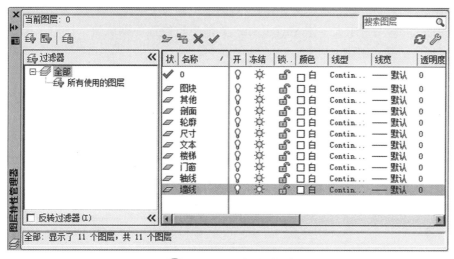

图4-1　图层创建对话框

(3) 设置图层线型

① 将"轴线"图层激活,在"Continuous"位置上单击鼠标左键,弹出"选择线型(Select Linetype)"对话框。

② 由于在此对话框中没有需要的线型,此时可单击"加载"(Load)按钮加载线型文件 acadiso.lin。

③ 系统弹出"加载或重载线型"对话框,从中选择"DASHDOT"线型。

④ 单击"确定"按钮,"DASHDOT"线型出现在"选择线型"对话框内。

⑤ 在"选择线型"对话框内,选中"DASHDOT"线型,然后单击【确定】按钮,则返回"图层特性管理器"对话框,"轴线"图层的线型被更改为"DASHDOT",如图 4-2 所示。

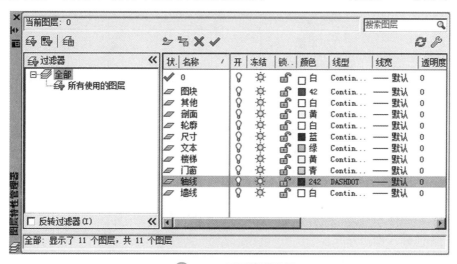

图4-2　图层线型设置

4. 设置文字样式和标注样式

(1) 新建文字样式

单击【格式】→【文字样式】或在命令行中输入"ST",系统弹出"文字样式"对话框,从中单击【新建(N)..】在弹出的"新建文字样式"对话框中输入文字样式名称"标注样式","字体"选中 simplex.shx,并选中大字体 gbcbig.shx,其他参数设置为默认值。最后单击【应用】和【关闭】完成文字样式创建。

(2) 新建标注样式

① 选择【格式】→【标注样式】命令,弹出"标注样式管理器"对话框,单击【新建】按钮,弹出"创建新标注样式"对话框,输入新样式名为"S1-100"。

② 单击【继续】按钮,弹出"新建标注样式"对话框,按表 4-1 在各选项卡填相应参数的数值。

表 4-1　"S1-100"标注样式参数设置

选项卡名称	分选项名称	参数名称	设置值
线	尺寸线	基线间距	10
	延伸线	超出尺寸线	2
		起点偏移值	2
		固定长度的延伸线长度	4
符号和箭头	箭头	第一个/第二个	建筑标记
		箭头大小	2.5
	半径折弯标注	折弯角度	45°
文字	文字外观	文字样式	"标注样式"
		文字高度	2.5
	文字位置	从尺寸线偏移	1
	文字对齐		与尺寸线对齐
调整	调整选项		文字或箭头(最佳效果)
	文字位置		尺寸线上方,不带引线
	标注特征比例	使用全局比例	100
	优化(T)		在延伸线之间绘制尺寸线
主单位	线型标注	单位规格	小数
		单位精度	0
		小数分隔符	句点
	测量单位比例	比例因子	1

③ 在"新建标注样式"对话框中,单击【确定】按钮,回到"标注样式管理器"对话框,S1-100 标注样式创建完成。

④ 单击"新建"按钮创建 S1-50 标注样式,基础样式为 S1-100,设置"调整"选项卡中标注特征比例为 50,单击【确定】按钮完成创建。

对于类似1∶25、1∶20、1∶10等绘图比例的图形,其标注样式的创建方法大致相同,只是设置比例因子分别为25、20、10。

5.图框与标签栏的绘制

创建如图4-3所示的A2图幅和图纸。

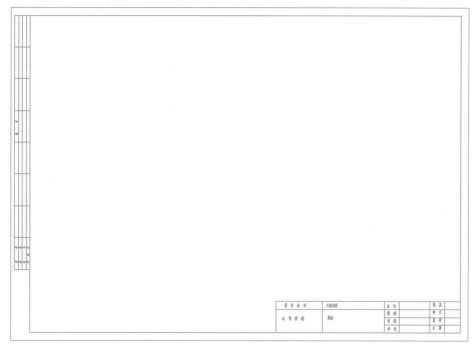

图4-3　A2图纸样板

具体操作步骤如下:

选择【格式】→【绘图界限】,命令行提示如下:

(1) 命令:_Limits

重新设置模型空间界限

指定左下角点或[开(ON)/关(OFF)]<0,0>:0,0　　//输入绘图界限左下角点

指定右上角点<420,297>:59400,42000　　　　　　//输入绘图界限的右上角点

命令:_Zoom

指定窗口的角点,输入比例因子(nX 或 nXp),或者

[全部(A)/中心(C)/动态(D)/范围(E)/上一个(P)/比例(S)/窗口(W)/对象(O)](实时):

_e 正在重生成　　　　　　　　　　　　　　　//将绘图界限全部缩放到绘图区

(2) 执行"矩形"命令,绘制59400×42000的矩形,执行"分解"命令,将矩形分解。

(3) 执行"偏移"命令,将矩形的上,下,右边向内偏移1000。

(4) 执行"偏移"命令,将矩形左边向右偏移2500,执行"修剪"命令修剪图框线。

(5) 在绘图区中绘制24000×4000的矩形,执行"分解"命令将矩形分解。

(6) 使用"偏移"命令,将矩形分解后的上边和左边分别向下和向右偏移,向下偏移的距离为1000,水平方向见尺寸标注,效果如图4-4所示。

图4-4　分解偏移

（7）执行"修剪"命令，修剪偏移生成的直线，完成后如图4-5所示。

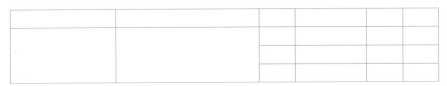

图4-5　修剪偏移线

（8）建筑制图中对于文字有严格规定，在一幅图纸中一般有几种文字样式，为了使用方便，制图人员通常预先在样板图中创建可能会用到的文字样式，并对每种文字样式设置参数，在制图时直接使用文字样式即可。在命令行中输入"ST"命令，弹出"文字样式"对话框，创建文字样式"A500""A700"和"A1000"，其字高分别为500、700和1000。

（9）使用"直线"命令，绘制如图4-6所示的斜向直线辅助线，以便创建文字对象。

图4-6　创建辅助直线

（10）选择【绘图】→【文字】→【单行文字】命令，输入单行文字。

（11）在动态输入框中输入文字，"设"和"计"中间插入两个空格。

（12）在使用同样的方法，输入其他文字，完成后如图4-7所示。

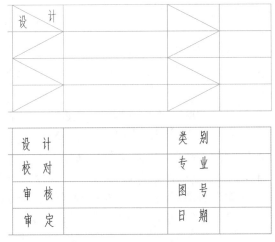

图4-7　输入设计及其他文字

（13）继续执行【单行文字】命令，创建其他文字，文字样式为 A500，文字位置不做精确限制，如图 4-8 所示。

设　计　公　司	工程名称	设　计		类　　别	
公　司　图　标	图名	校　对		专　　业	
		审　核		图　　号	
		审　定		日　　期	

图4-8　输入"工程名称"等文字

（14）执行【移动】命令，选择如图 4-8 所示的标题栏的全部图形和文字，指定基点为标题栏的右下角点，插入点为图框的右下角点，移动到图框中。

（15）执行【矩形】命令绘制 20000×2000 的矩形，并将矩形分解；将分解而后的上边依次向下偏移 500，左边依次向右偏移 2500。

（16）采用步骤（9）的方法，绘制斜向直线构造辅助线。

（17）执行【单行文字】命令，输入文字内容，对正方式为 MC，文字样式为 A350，文字的插入点为斜向直线的中点，其中"建筑""结构""电气""暖通"文字中间为 4 个空格，"给排水"文字的插入点为 X 向直线的中点，其中"建筑""结构""电气""暖通"文字中间位 4 个空格，"给排水"文字每个字之间都有一个空格，效果如图 4-9 所示。

图4-9　输入单行文字

（18）删除步骤创建的斜向构造辅助线，执行"旋转"命令，命令行提示如下：

命令：_Rotate

UCS 当前的正角方向：ANGDIR＝逆时针　　　　　ANGBASE＝0

选择对象：指定对角点：找到 19 个　　　　　//选择会签栏的图形和文字

选择对象：　　　　　　　　　　　　　　　//按 Enter 键，完成选择

指定基点：　　　　　　　　　　　　　　　//指定会签栏的右下角点为基点

指定旋转角度，或[复制(C)/参照(R)]＜0＞：90　　//输入旋转角度，按 Enter 键，完成旋转，效果如图 4-10 所示。

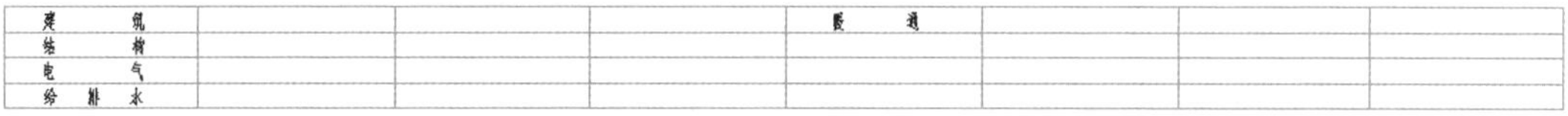

图4-10　旋转会签栏

（19）执行"移动"命令，移动对象为图 4-10 所示的会签栏图形和对象，基点为会签栏的右上角点，插入点为图框的左上角点，效果如图 4-11 所示。

6. 创建样板图形文件

在完成上述操作后，单击【文件】→【另存为】命令，弹出"图形另存为"对话框，在"文件类型"下拉列表框中选择"AutoCAD 图形样板（＊.dwt）"选项，输入文件名 A2 后单击【保

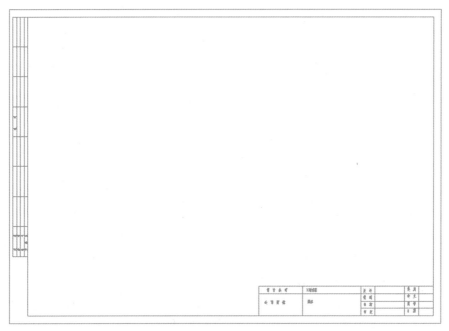

图 4-11　移动会签栏到图框

存】按钮,系统自动将样板保存到模板文件夹中。

二、建筑与建筑工程图样设置

调用样板文件主要有两种方法:

(1) 执行"新建(new)"命令,在弹出的"选择样板(Select Template)"对话框中直接选择保存的样板文件,将其打开。

(2) 执行"打开(open)"命令,弹出"选择文件(Select File)"对话框,将文件类型设为"图形样板(＊.dwt)",系统将自动打开"Template"文件夹,在此文件夹内选择一种样板文件将其打开。

▶ 任务一　建筑平面图的绘制 ◀

任务描述

本部分任务是在了解 AutoCAD 软件基本工具的绘制基础上,让学生学会建筑平面图的绘制方法和步骤。

知识、技能目标

掌握建筑平面图的基本知识和图示内容,熟悉建筑平面图的绘图方法;掌握创建建筑工程图形样板和标注样式的方法;能熟练利用 AutoCAD 软件绘制建筑平面图。

任务实现

建筑平面图是假想用一水平的剖切面将房屋剖切后,对剖切面以下部分所做的水平投影图。它反映出房屋的平面形状、大小和布置;墙、柱的位置、尺寸和材料;门窗的类型和位置等。

一、绘图环境和图层设置

(1) 选择【文件】→【新建】命令,打开"选择样板"对话框,从中选择 A2 样板,点击【打开】按钮,建立新文件。

(2) 将新文件保存为 dwg 图形文件,文件名为"建筑平面图",此时,便可以在 A2 样板图环境设置基础上进行绘图了。

(3) 调出"图层特性管理器"对话框,对图层进行添加或者删除。本例中在样板的基础上建立包括辅助线、轴线、标注、墙线、门窗、楼梯、文字、柱子等图层。

二、绘制轴线

任务一

绘制轴线

按照前文所述的步骤绘制平面图。

(1) 将当前图层置为"轴线"图层,执行"构造线"命令,在命令行分别输入"V"和"H",绘制垂直构造和水平构造线,效果如图 4 - 12 所示。

(2) 执行"偏移"命令,命令行提示如下:

命令:_offset

当前设置:删除源=否　图层=源 OFFSETGAPTYPLE=0

指定偏移距离或[通过(T)删除(E)/图层(L)]<3000.000>:3000　　　　//输入偏移距离

选择要偏移的对象,或[退出(E)/多个(M)/放弃(U)]<退出>:　　　　//选择步骤1绘制的垂直构造线

指定要偏移的那一侧上的点,或[退出(E)/多个(M)/放弃(U)]<退出>://在构造线的右侧拾取一点,完成偏移

选择要偏移的对象,或[退出(E)/放弃(U)]<退出>:取消

(3) 继续执行"偏移"命令,将垂直构造线和水平构造线按照如图 4 - 13 所示的尺寸偏移。

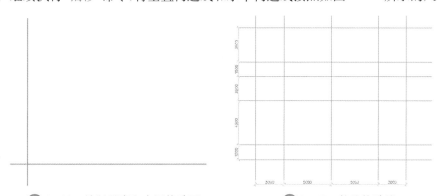

图 4 - 12　绘制垂直和水平构造图　　　　图 4 - 13　偏移构造线

（4）选中所有的构造线后单击右键,在弹出的快捷菜单中选中【特性】命令在弹出的"特性"选项中设置"线型比例"为50。

三、绘制墙体

在 AutoCAD 中绘制墙线,有两种方法,第一种是先用"直线"命令绘制出墙体一侧直线,再用"偏移"命令绘制另外一条直线;第二种是用"多线"命令绘制墙体,再编辑多线。本例采用后者,具体步骤如下:

（1）将"墙"图层设为当前图层,在状态栏打开"对象捕捉"工具,选中"端点"和"交点"等。

（2）编辑多线样式,在"格式"菜单中选择"多线样式"命令,则弹出"多线样式"对话框,单击"新建"按钮,弹出"创建新的多样线样式"对话框,由于墙厚 240 mm,在对话框的"新样式名"文本框中输入"W240",单击【继续】按钮,进入"新建多样线样式"对话框,如图 4 - 14 所示。

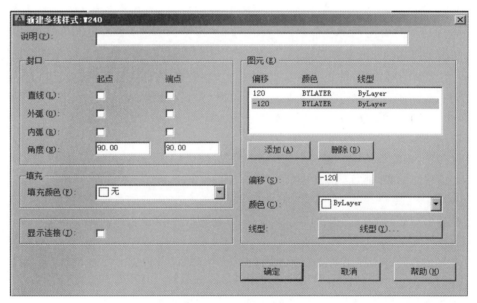

图 4 - 14　创建多线样式

（3）在"新建多线样式"对话框中,设置两个图元,分别偏移 120 和 -120,如图 4 - 14 所示。

（4）执行"偏移"命令,将最中间的轴线分别向左偏移 2500 和向右偏移 500,并将偏移形成的构造放入 0 图层,偏移完成后,形成轴网,如图 4 - 15 所示。

（5）选择【绘图】→【多线】命令,绘制墙线,命令行提示如下:

命令:_Mline

当前设置:对正＝上,比例 = 20.00,样式＝ STANARD

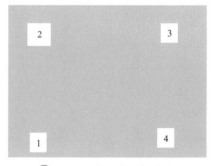

图 4 - 15　偏移中心构造线

指定起点或[对正(J)/比例(S)/样式(ST)]:ST	//输入 ST,要求设置样式
输入多线样式名或[?]:W240	
指定起点或[对正(J)/比例(S)/样式(ST)]:S	//输入"S",要求设置比例
输入多线比例(20.000):1	//设置比例为 1
当前设置:对正=上,比例=1.00,样式=W240	
指定起点或[对正(J)/比例(S)/样式(ST)]:J	//输入"J",要求设置对正
输入对正类型[上(T)/ 无(Z)/下(B)]<上>:Z	//设置对正类型
当前设置:对正=无,比例=1.00,样式=W240	
指定起点或[对正(J)/比例(S)/样式(ST)]:	//捕捉图 4-15 所示的点 1
指定下一点	//捕捉图 4-15 所示的点 2
指定下一点或[放弃(U)]:	//捕捉图 4-15 所示的点 3
指定下一点或[闭合(C)/放弃(U)]:	//捕捉图 4-15 所示的点 4
指定下一点或[闭合(C)/放弃(U)]:	//按<Enter>键,完成绘制,效果

如图 4-16 所示

(6) 继续执行"多线"命令,绘制其他轴线,效果如图 4-17 所示。

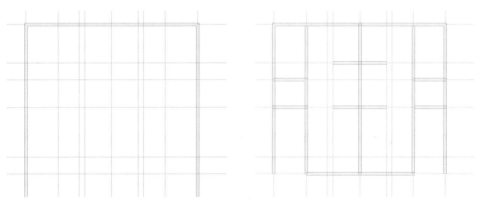

图 4-16　绘制第一段墙线　　　　　　图 4-17　绘制其他墙线

(7) 删除步骤(4)创建的 4 条构造线,单击【修改】→【对象】→【多线】,弹出"多线编辑工具"对话框,选择【T 形合并】按钮,对图 4-17 所示的墙体 T 形相交的地方进行修改,修改效果如图 4-18 所示。

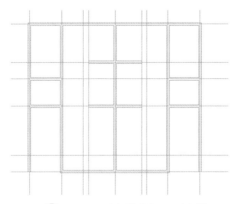

图 4-18　对多线进行 T 形合并

四、绘制柱子

本例中的柱网共有 $4×5＝20$ 根柱子,每个角点和轴线的交点处均有一根,其尺寸均为 240 mm×240 mm,可以通过"矩形"命令来绘制,具体步骤如下:

(1) 将"柱"图层设为当前图层,同时将状态栏中"对象捕捉"辅助工具打开,选择端点和交点对象捕捉方式。

(2) 执行"矩形"命令,在绘图区任意拾取一点作为矩形的第一个角点,另一个角点的相对坐标为((@240,240)。

(3) 执行"图案填充"命令,对柱子填充"SOLID"图案,如图 4 - 19 所示。

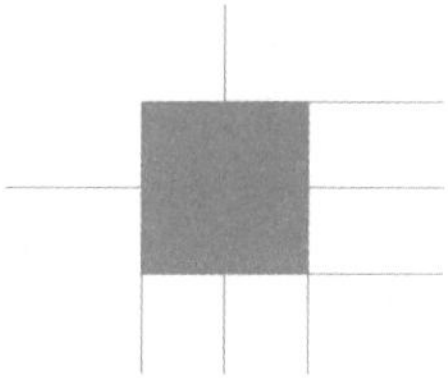

图 4 - 19　柱填充

(4) 执行"复制"命令,命令行提示如下:

命令：_Copy

选择对象:指定对角点:找到 2 个

选择对象： //按<Enter>键,完成选择

当前设置:复制模式＝多个

指定基点或[位移(D)/模式(O)]<位移>:FROM　//使用相对点方法确定复制操作基点

基点： //捕捉基点

<偏移>:@120,120　//输入偏移距离

指定第二个点或<使用第一个点作为位移>： //捕捉最左侧和最上侧轴线的交点

指定第二个点或[退出(E)/放弃(U)]<退出>： //按<Enter>键完成复制,如图 4 - 20 所示

(5) 继续执行"复制"命令,使用步骤(4)同样的方法复制柱,效果如图 4 - 21 所示。

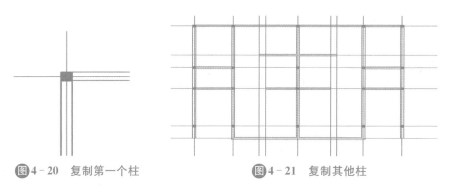

图 4 - 20　复制第一个柱　　　　　图 4 - 21　复制其他柱

五、绘制门

(1) 将"墙"图层设为当前图层。

(2) 执行"偏移"命令,偏移水平轴线,如图 4 - 22 所示。

(3) 执行"修剪"命令,以步骤(2)偏移形成的构造线为剪切边,对墙体进行修剪。

（4）执行"直线"命令，对墙体进行修补，形成门洞，如图4-23所示。

（5）执行"偏移"命令，偏移纵向构造线，以同样的方法绘制横向墙体上的门洞，尺寸如图4-24所示。

（6）将"门窗"设为当前图层，选择"插入块"命令，弹出"插入"对话框，如图4-25(a)所示选择图块"90"，单击【确定】按钮，将门插入如图4-25(b)所示的门洞线与轴线的交点处。

（7）执行"镜像"命令，选择步骤(6)创建的门作为镜像对象，如图4-26(a)所示的轴线为镜像线，镜像后如图4-26(a)所示。

（8）执行"复制"命令，选择步骤(7)镜像的门作为复制对象，基点为"900门"图块的基点，插入点为门洞与轴线的交点，如图4-26(b)所示。

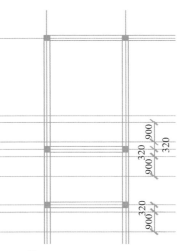

图4-22　偏移水平轴线

（9）使用"镜像""复制"等命令，按照步骤(6)~(8)的方法创建其他门，如图4-27所示。

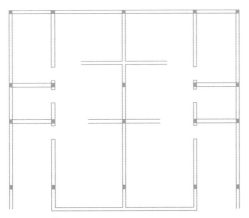

图4-23　修剪墙体形成的门洞

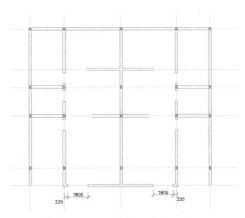

图4-24　形成横向墙体上的门洞

(a)

(b)

图4-25　插入900门

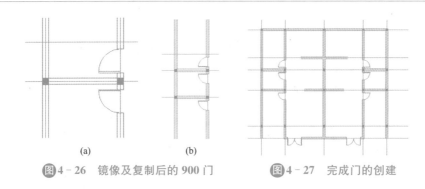

图 4-26　镜像及复制后的 900 门　　　图 4-27　完成门的创建

六、绘制窗

　　窗的绘制过程与门的绘制过程类似,先绘制窗洞,创建窗图块,然后将窗图块插入到图形中即可,具体步骤为:首先将当前图层设为"墙"图层;然后,使用绘制门洞的方法绘制窗洞;最后,将门窗图层置为当前,执行"插入块"命令,插入"窗"图块,插入效果如图 4-28 所示。

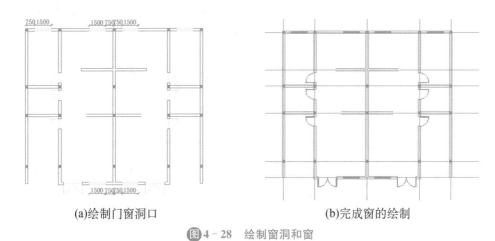

(a)绘制门窗洞口　　　　　　　　　　　(b)完成窗的绘制

图 4-28　绘制窗洞和窗

七、标注及注写文字

1. 尺寸标注

尺寸标注步骤具体如下:

　　(1) 将"标注"图层设为当前图层,调出"标注"工具栏,在"标注样式"下拉列表中选择标注样式 S1-100。

　　(2) 使用"线性标注"和"连续标注"命令,进行尺寸标注,如图 4-29。

2. 标注轴线

　　(1) 绘制轴线编号,在绘图区任意拾取一点作为圆心,绘制半径为 400 的圆。

　　(2) 选择【绘图】→【块】→【定义属性】命令,弹出"属性定义"对话框,按图 4-30 所示设置参数。输入参数后单击【确定】按钮,命令行提示"指定起点:",拾取圆心为起点,完成属性定义。

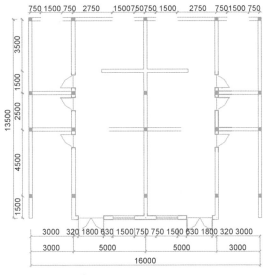

图 4 - 29　添加尺寸标注

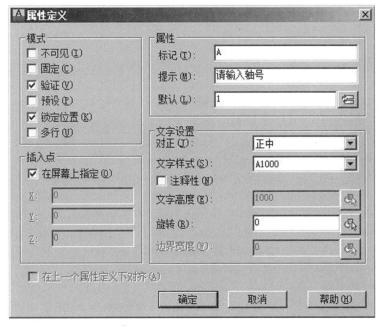

图 4 - 30　"轴线编号"属性定义

　　(3) 在命令行中输入"B",回车后弹出"块定义"对话框,选择(1),(2)两步骤所绘圆和属性为块对象,捕捉基点为圆的上象限点,命令图块名称为"竖向轴线编号",单击【确定】按钮,弹出"编辑属性"对话框,不做设置,单击【确定】按钮完成"竖向轴线编号"图块的创建。

　　(4) 使用同样的方法,创建横向轴线编号,默认属性值为 A。

　　(5) 执行"构造线"命令,绘制水平和垂直构造线,利用绘制的构造线对轴线进行修剪。

　　(6) 插入"竖向轴线编号"图块,轴线编号依次输入 1~5;插入"横向轴线编号"图块,轴线编号依次输入 A~F,如图 4 - 31 所示。

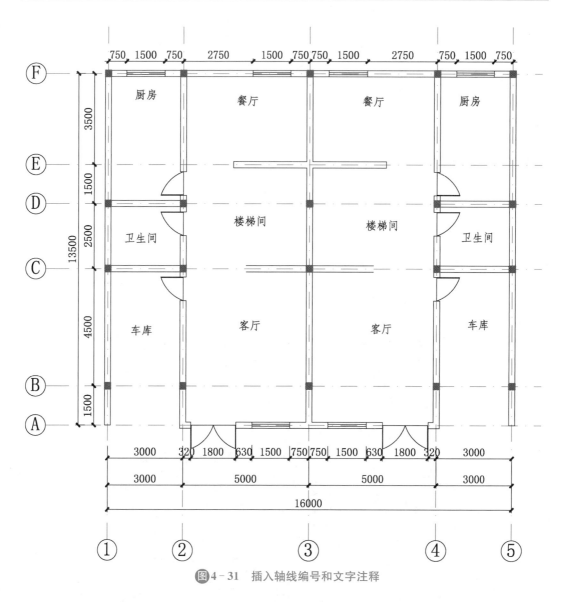

图 4 - 31　插入轴线编号和文字注释

3. 添加文字注释

　　添加文字注释的方法是:将"文字标注"图层设为当前图层,使用文字样式 A300,执行"单行文字"命令,字高为 350,插入房间功能的说明文字,如图 4 - 31 所示。

 学后任务

　　1. 注意反思与总结:本节介绍了建筑平面施工图的内容和画图步骤,通过学习,可对建筑平面图的设计过程和绘制方法有较完整的了解。建筑平面图绘制较复杂,合理的绘图顺序非常重要,绘制时不能急躁,不能跳过某些必要的步骤而直接进入下一步,否则很容易造成图纸混乱。

　　2. 绘制建筑平面图图纸,见附录三。

任务二　建筑立面图的绘制

 任务描述

本部分任务是在了解 AutoCAD 软件基本工具的绘制基础上,让学生学会建筑立面图的绘制方法和步骤。

 知识、技能目标

掌握建筑施工图的基本知识和图示内容,熟悉建筑立面图的绘图方法;能熟练利用 AutoCAD 软件绘制建筑立面图。

 知识基础

建筑立面图是指用正投影法对建筑各个外墙面进行投影所得到的正投影图。与平面图一样,建筑的立面图也是表达建筑物的基本图样之一,它主要反映建筑物的立面形式和外观情况。

绘制建筑立面图时可先调用样板图,将新文件按定好的名称保存;在样板图的基础上,为立面图设置图层;在本例中心图层有隔墙、立面窗、立面门、阳台、台阶、辅助线、轮廓线、地平线、雨水管、装饰等图层,如图 4－32 所示。完成了绘图环境的设置后,便可开始绘制建筑立面图了。

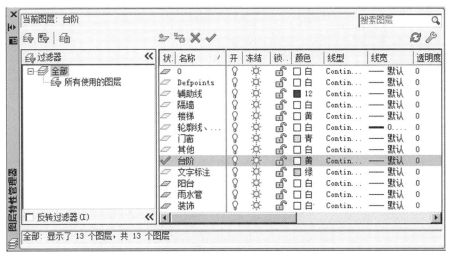

图 4－32　"图层特性管理器对话框"设置

任务实现

一、绘制建筑墙体轮廓线和地坪线

利用 AutoCAD 绘制轮廓线和地坪线通常有两种方法:其一是用"直线"命令绘制,其二是用"多段线"命令绘制,在创建轮廓线和地坪线之前,首先需要绘制部分辅助线,具体步骤如下:

(1) 切换到"辅助线"图层,执行"构造线"命令,分别绘制一条水平和垂直的构造线。

(2) 执行"偏移"命令,将水平和垂直的构造线按照图 4-33 所示的尺寸偏移,其中 5 条垂直构造线从左到右依次为①~⑤号轴线所在的位置,最下方一条水平构造线为地坪线所在位置。

(3) 切换到"轮廓线、地坪线"图层,执行"直线"命令,绘制地坪线。

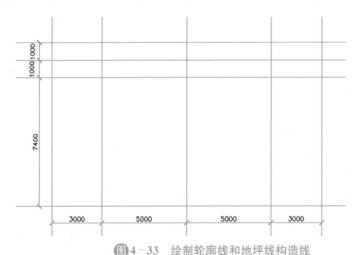

任务二

绘制建筑墙体
轮廓线和地坪线

图 4-33　绘制轮廓线和地坪线构造线

(4) 执行"多段线"命令,命令行提示如下:

命令:_pline
制定起点:FROM　　　　　　　　　//使用相对点法确定起点
基点:　　　　　　　　　　　　　//捕捉②号轴线和地坪线辅助线的交点
<偏移>:@-120,0　　　　　　　//输入相对偏移距离
当前线宽为 0.000
指定下一点或[圆弧(A)/半宽(H)/长度(L)/放弃(U)/宽度(W)]:
　　　　　　　　　　　　　　　//捕捉与自下向上第二条辅助线的垂足
指定下一点或[圆弧(A)/闭合(C)/半宽(H)/长度(L)/放弃(U)/宽度(W)]:@-280,0
　　　　　　　　　　　　　　　//输入相对坐标
指定下一点或[圆弧(A)/闭合(C)/半宽(H)/长度(L)/放弃(U)/宽度(W)]:
　　　　　　　　　　　　　　　//捕捉与最上方水平辅助线的垂足
指定下一点或[圆弧(A)/闭合(C)/半宽(H)/长度(L)/放弃(U)/宽度(W)]:
　　　　　　　　　　　　　　　//捕捉③号轴线与最上方水平辅助线的交点

指定下一点或[圆弧(A)/闭合(C)/半宽(H)长度(L)/放弃(U)/宽度(W)]：

//按<Enter>键,完成绘制,如图4-34所示

（5）执行"偏移"命令,将地坪线辅助线向上偏移3900,并执行"多段线"和"直线"命令,按照图4-35的尺寸,捕捉辅助线交点绘制左半部分轮廓线。

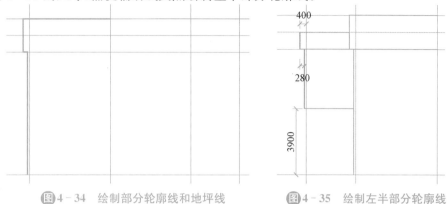

图4-34　绘制部分轮廓线和地坪线　　　　图4-35　绘制左半部分轮廓线

（6）执行"镜像"命令,选择图4-35所示的左半部分轮廓线,以③号轴线为镜像线画出右半部分轮廓线,如图4-36所示。

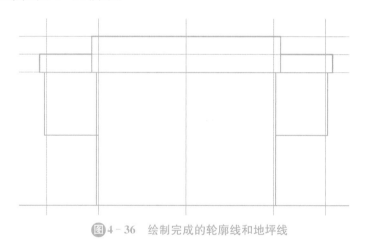

图4-36　绘制完成的轮廓线和地坪线

（7）保留地坪线辅助线和①～⑤号轴线,删除其他的辅助线。

任务二

二、绘制立面窗户

绘制立面窗户

在绘制某种窗户立面时候,可以先绘制一个图样,将其定义为块,需要时插入图中即可。

在本例中,窗户的尺寸为1500×1800(单位为mm),绘制步骤如下：

（1）执行"矩形"命令,绘制1500×1800的矩形,执行"分解"命令将矩形分解。

（2）执行"偏移"命令,命令行提示如下：

命令:_offset

当前设置:删除源=否 图层=源 OFFSETGAPTYPLE=0

指定偏移距离或[通过(T)/删除(E)/图层(L)]<1500.000>:50　　　//输入偏移距离

选择要偏移的对象,或[退出(E)/多个(M)放弃(U)]<退出>:

//拾取分解矩形左边右侧的一点

选择要偏移的对象,或[退出(E)/放弃(U)]<退出>: //按<Enter>键,完成偏移

(3) 继续执行"偏移"命令依次将矩形左边向右偏移 450、450、50、450,将上边向下偏移 100、400、100,将下边向上偏移 100,效果如图 4-37(a)所示。

(4) 执行"修剪"命令,对步骤(3)偏移形成的直线进行修剪,修剪效果如图 4-37(b)所示。

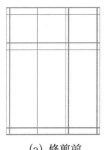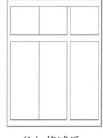

(a) 修剪前　　　　　　(b) 修减后

图 4-37　绘窗户示意图

(5) 执行"矩形"命令,命令行提示如下:

命令:_rectang

指定第一个角点或[倒角(C)/标高(E)/圆角(F)/厚度(T)宽度(W)]:FROM

//使用相对点法指定矩形的第一个角点

基点: //捕捉图 4-38 所示的基点

<偏移>:@25,25 //输入偏移坐标确定第一个角点

指定另一个角点或[面积(A)/尺寸(D)/旋转(R)]:@400,1050

//输入另一个角点的相对坐标,按<Enter>键,效果如图 4-38

所示

(6) 执行"复制"命令,命令行提示如下:

命令:_copy

选择对象:找到 1 个 //选择步骤(5)绘制矩形

选择对象: //按<Enter>键,完成选择

当前设置:复制模式=单个

指定基点或[位移(D)/模式(O)/多个(M)]<位移>:M

//输入 M,表示复制多个

指定基点或[位移(D)/模式(O)/多个(M)]<位移>:

//捕捉如图 4-38 所示的基点

指定第二个点或<使用第一个点作为位移>:

指定第二个点或[退出(E)/放弃(U)]<退出>:

//一次捕捉如图 4-38 所示的插入点

指定第二个点或[退出(E)/放弃(U)]<退出>:

//按<Enter>键,复制完成后如图 4-39 所示

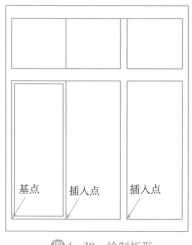

图4-38　绘制矩形

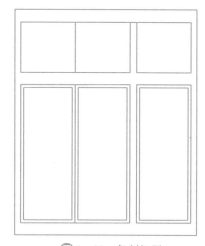

图4-39　复制矩形

(7) 执行"圆"命令,命令行提示如下:

命令:_circle 指定圆的圆心或[三点(3P)/两点(2P)/相切,半径(T)]:FROM
　　　　　　　　　　　　　　　　　　　//使用相对点法确定圆心

基点:<位移>:@-25,0　　　　　　　　//输入相对偏移坐标以确定圆心

指定圆的半径或[直径(D)]<25.000>:25//输入圆半径

(8) 执行【绘图】→【点】→【点数等分】命令,命令行提示如下:

命令:_divide

选择要定数等分的对象:　　　　　　　//选择步骤(7)绘制的圆

输入线段数目或[块(B)]:8　　　　　　//输入定数等分数目,按<Enter>键,完成等分

(9) 执行"直线命令",连接圆心和步骤(8)创建的定数等分点,如图4-40(a)所示。

(10) 执行"多段线"命令,命令行提示如下:

命令:_pline

指定起点:　　　　　　　　　　　　　//捕捉步骤(9)绘制的直线的中点

当前线宽为 0.000

指定下一个点或[圆弧(A)/半宽(H)/长度(L)/放弃(U)/宽度(W)]:w
　　　　　　　　　　　　　　　　　//设定多段线宽

指定起点宽度(0.000):25
　　　　　　　　　　　　　　//设定起点宽度

指定端点宽度(0.000):0
　　　　　　　　　　　　//设定端点宽度

指定下一个点或[圆弧(A)/半宽(H)/长度(L)/放弃(U)/宽度(W)]:@-50,-50
　　　　　　　　　　　　　　//制定下一点相对坐标

指定下一个点或[圆弧(A)/闭合(C)/半宽(H)/长度(L)/放弃(U)/宽度(W)]:
　　　　　　　　　　　//按<Enter>键,完成绘制,如图4-40(b)所示

(11) 执行"图案填充"命令,为空白部分填充 SOLID 图案,填充效果如图4-40(c)
所示。

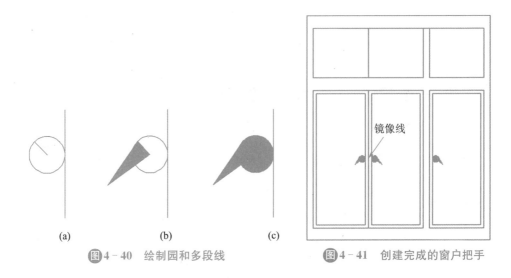

图 4-40　绘制园和多段线　　　　　图 4-41　创建完成的窗户把手

（12）执行"镜像"命令，将绘制完成的窗把手镜像，并将镜像后图案复制到右侧单扇窗上，完成后如图 4-41 所示。

（13）执行"偏移"命令，将构造线按照图 4-42(a)所示的尺寸进行偏移编辑。

（14）执行"复制"命令，选择图 4-41 所示的窗图形为复制对象，执行多次复制，如图 4-42(a)所示。

（15）执行"镜像"命令，选择图 4-41 所示的窗图形，以③号轴线所在辅助线为镜像线，镜像效果如图 4-42(b)所示。

（16）删除地坪线、辅助线和①～⑤号轴线以外的辅助线。

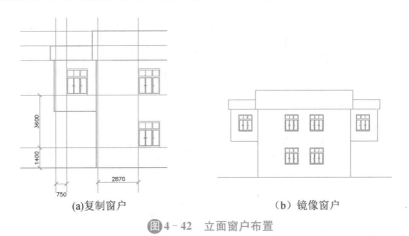

(a)复制窗户　　　　　　　　　　　（b）镜像窗户

图 4-42　立面窗户布置

三、绘制立面门

任务二

与绘制窗户类似，在绘制门之前，应观察该立面图上共有多少种门的立面形式。本例只有一种双扇门形式，只需绘制一种门即可。立面门的具体绘制步骤如下：

绘制立面门

（1）将当前图层切换到"门"图层，执行"矩形"命令，绘制 1800×2600 的矩形，执行分解

"命令",将矩形分解。

（2）执行"偏移"命令将分解的矩形左边依次向右偏移 100、500、50、500、50、500，将分解矩形的上边依次向下偏移 100、400、100，完成后如图 4-43(a)所示。

（3）执行"修剪"命令，对步骤(2)偏移形成的直线进行修剪，修剪后如图 4-43(b)所示。

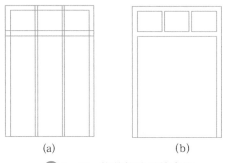

(a)　　　　　　　　　　(b)

图 4-43　修剪偏移后的直线

（4）执行"直线"命令，使用直线连接直线中点，效果如图 4-44 所示。

图 4-44　镜像门图案

（5）执行"矩形"命令，命令行提示如下：

命令：_rectang

指定第一个角点或【倒角(c)/标高(E)/圆角(F)/厚度(T)/宽度(W)】:FROM

　　　　　　　　　　　　//使用相对点法确定第一个角点

基点：　　　　　　　　　//捕捉如图 4-45 所示的基点

（偏移）:@100，-200　　　//输入相对偏移坐标

指定另一个角点或【面积(A)/尺寸(D)/旋转(R)】:@600，-700

　　　　　　　　　　　　//输入另一个角点的相对坐标，按<Enter>键，完成矩形绘制

（6）执行"镜像"命令，命令行提示如下：

命令：_mirror

选择对象:找到一个

　　　　　　　　　//选择步骤(5)绘制完成的矩形

选择对象:

　　　　　　　　　//按<Enter>键，完成对象选择

指定镜像线的第一点:

指定镜像线的第二点:　　//依次拾取如图 4-44 所示的镜像线两次

要删除源对象吗【是(Y)/否(N)】

　　　　　　　　　　　　　　　//按<Enter>键,完成镜像,如图 4-44 所示

(7) 继续执行"镜像"命令,命令行提示如下:

命令:_mirror

选择对象:找到 1 个　　　　//选择步骤(5)绘制完成的矩形

选择对象:找到 1 个　　总计 2 个

　　　　　　　　　　　　　　　//选择步骤(6)镜像的矩形

选择对象:　　　　　　　　//按<Enter>键,完成对象选择

指定镜像线的第一点:

指定镜像线的第二点:　　//依次拾取如图 4-45 所示的两个镜像点

要删除源对象吗?【是(Y)/否(N)】:<N>

　　　　　　　　　　　　　　　//按<Enter>键,完成镜像,如图 4-45(b)所示

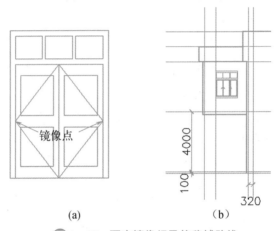

(a)　　　　　　　　　　(b)

图 4-45　再次镜像门及偏移辅助线

(8) 执行"偏移"命令,对辅助线进行偏移,偏移尺寸如图 4-45(b)所示。

(9) 执行"复制"命令,命令行提示如下:

命令:_copy

选择对象:指定对角点:找到 28 个

　　　　　　　　　　　　//选择如图 4-46(a)的门图案

选择对象:　　　　　　　　//按<Enter>键,完成选择

当前设置:复制模式=单个

指定基点或【位移(D)/模式(O)/多个(M)】<位移>//输入 M,表示复制多个

指定基点或【位移(D)/模式(O)/多个(M)】<位移>//捕捉门的左下角点为基点

指定第二个点或<使用第一个点作为位移>:

指定第二个点或【退出(E)/放弃(U)】<退出>:

　　　　　　　　　　　　//如图 4-46(a)所示捕捉辅助线的交点复制门对象

指定第二个点或【退出(E)/放弃(U)】<退出>:

　　　　　　　　　　　　//按<Enter>键完成复制,如图 4-46(a)所示

(10) 执行"镜像"命令,以③号轴线为镜像线,将左侧门镜像,如图 4-46(b)所示。

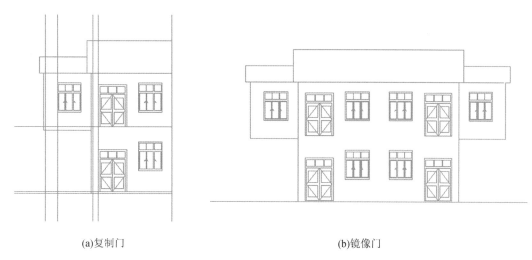

　　(a)复制门　　　　　　　　　　　　　　　　(b)镜像门

图 4 - 46　绘制门后的立面效果

四、绘制阳台

任务二

绘制阳台、柱子、屋
顶并添加尺寸标注

　　在立面图中,也是利用"矩形"或"直线"命令绘制阳台,具体操作步骤如下:

　　(1) 按照阳台的形式和数据先把阳台绘制出来。

　　(2) 使用"块"命令,将阳台制作成块。

　　(3) 使用"插入块"命令,插入阳台。

　　(4) 执行"镜像"命令,以 3 号轴线为镜像线,将左侧阳台镜像,如图 4 - 47 所示。

图 4 - 47　绘制阳台后的立面效果

五、绘制柱子

在立面图中,也是利用"直线"命令绘制柱子,具体操作步骤如下:

(1) 执行"直线"命令,捕捉图 4 - 48 所示的点为第一点,捕捉地坪线垂足绘制直线。

(2) 执行"偏移"命令,将步骤(1)绘制的直线向右偏移 240 形成柱子,效果如图 4 - 48 所示。

第一点

图 4 - 48　绘制柱子

六、绘制屋顶

绘制步骤如下：

（1）将当前图层设为"装饰"图层。

（2）在"绘图"菜单中选择"图案填充命令"，设置填充图案为 ANGLE，比例为 15。

（3）单击【添加:拾取点】按钮，选择屋顶区域完成图案填充，填充效果如图 4 - 49 所示。

图 4 - 49　图案填充效果

七、添加尺寸标注和文字注释

1. 尺寸标注

立面图标注的具体步骤如下：

（1）当前图层切换到"辅助线"图层，执行"构造线"命令，过屋顶、窗户线等几个主要高度绘制水平构造线，并绘制一条垂直构造线作为标高插入点，如图 4 - 50(a)所示。

（2）执行"插入块"命令，插入"标高"图块，插入点为步骤（1）绘制的垂直构造线与室外地坪线的交点，标高采用室外地坪标高值。

（3）继续插入"标高"图块，插入点为垂直构造线与辅助线的交点，删除多余线后如图 4－50(b)所示。

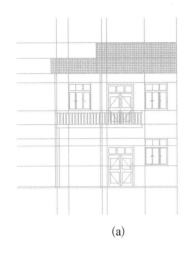

(a)

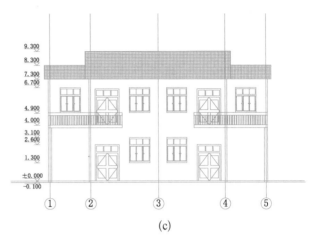

(c)

图4－50　添加标高尺寸

2. 文字注释

建筑立面图应标注出图名和比例，还应该标注出材质做法、详图索引等其他必要的文字注释。本例中，墙面的做法为"1∶2.5 水泥砂浆抹面 25 厚刷浅米色外墙涂料"。具体步骤如下：

（1）将当前图层设为"标注"图层。

（2）单击【引线样式】按钮或者选择【格式】→【多重引线样式】，弹出"多重引线样格式管理器"，以"Standard"为基础样式，如名称为"引线 100"。

（3）在对话框中设定新建多重引线样式相关选项，各主要选项参数值按表 4－2 设定。

表 4－2　多重引线设置参数

选项卡名称	分选项名称	参数名称	设置值
引线格式	箭头	符号	无
		大小	2.5
引线结构	约束	最大引线点数	2
		第一段角度	90
		第二段角度	0
	比例	指定比例	100
内容	文字选项	文字样式	仿宋
		文字高度	3.5
	文字连接	连接位置——左	所有文字加下划线
		连接位置——右	所有文字加下划线
		基线间隙	2

（4）单击【标注（N）】→【多重引线（E）】，执行"多重引线标注"，命令行提示如下：

命令：mleader

指定引线箭头的位置或[E引线基线优先(L)/内容优先(C)/选项(o)]<内容优先>:
//点取箭头位置
指定引线基线的位置: //确定基线位置后,弹出多行文本对话框

将对正方式设定为"左上",字高为350,输入做法说明中的文字,单击【确定】按钮,完成引线标注。

(5) 执行"构造线"命令,在地坪线下绘制水平构造线,以该构造线和地坪线为剪切边,对5条轴在辅助线进行修剪,将修剪好的辅助线放入"标注"图层。

(6) 插入"竖向轴线编号"图块,捕捉步骤(5)创建的轴线下端为插入点,分别输入轴线编号,完成如图4-51所示。

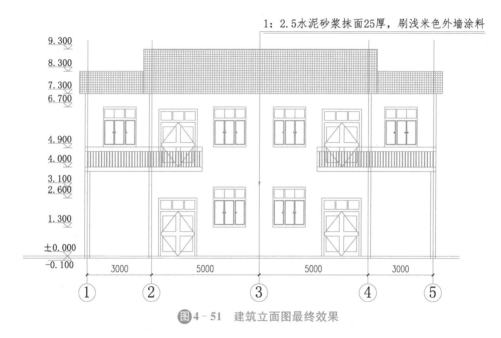

图4-51 建筑立面图最终效果

 学后任务

1. 复习建筑立面施工图的内容和画图步骤,对建筑立面图的设计过程和绘制方法进行总结。

2. 绘制建筑立面图图纸,见附录三。

▶ 任务三 建筑剖面图的绘制 ◀

 任务描述

本部分任务是在了解 AutoCAD 软件基本工具绘制基础上,让学生学会建筑剖面图的绘制方法和步骤。

任务三

建筑剖面图绘制(一)

知识、技能目标

掌握建筑施工图的基本知识和图示内容,熟悉建筑剖面图的绘图方法;能熟练利用AutoCAD软件绘制建筑剖面图。

知识基础

为表明房屋内部竖直方向的主要结构,假想用一个平行于正立投影面或侧立投影面的竖直剖切面将建筑物垂直剖开,移去处于观察者和剖切面之间的部分,把余下的部分向投影面投射所得投影图,称为建筑剖面图,简称剖面图。

建筑剖面图主要表示建筑物垂直方向的内部构造和结构形式,反映房屋的层次、层高、楼梯、结构形式、屋面及内部空间关系等。它与建筑平面图、立面图相配合,是建筑施工图中不可缺少的重要图样之一。

剖面设计图主要应表示出建筑各部分的高度、层数、建筑空间的组合利用,以及建筑剖面中的结构、构造关系、层次、做法等。剖面图的剖视位置应选在层高不同、层数不同、内外部空间比较复杂、最有代表性的部分,主要包括以下内容:

1. 建筑剖面图主要表示内容

(1) 图名、比例。剖面图的比例与平面图、立面图一致,为了图示清楚,也可用较大的比例进行绘制。

(2) 定位轴线和轴线编号。剖面图上定位轴线的数量比立面图中多,但一般也不需全部绘制,通常只绘制图中被剖切到的墙体的轴线。

(3) 被剖切到的建筑物内部构造,如各楼层地面、内外墙、屋顶、楼梯、阳台等构造。

(4) 建筑物承重构件的位置及相互关系,如各层的梁、板、柱及墙体的连接关系等。

(5) 没有被剖切到的但在剖切面中可以看到的建筑物构件,如室内的门窗、楼梯和扶手。

(6) 屋顶的形式及排水坡度等。

(7) 竖向尺寸的标注。

(8) 详细的索引符号和必要的文字说明。

2. 绘制剖面图的注意事项

(1) 找准剖切位置及方向。

找准剖切位置及剖切方向是绘制建筑剖面图的关键。剖切位置一般应选在构造复杂、易于完整反映建筑内部空间及构成、反映垂直交通关系的位置(如楼梯),如图形较为复杂,还可以选择转折剖或多个剖切位置等方式表达房屋内部空间关系。剖切方向选择一般原则也是以能完整反映房屋内部关系。

(2) 结合建筑平、立面图。

剖面图的绘制必须结合建筑的平、立面图。实际上,建筑的平、立面图即确定了剖面图的宽、高尺寸及门窗、台阶、楼梯、雨篷、地面、屋面及其他部件的大小、位置等要素。因此,绘制剖面图必须结合平、立面图。

 任务实现

一、设置图层

打开 A2 样板图,将新文件保存为"建筑剖面图",使用样板图设置好的绘图环境,打开"图层特性管理器"对话框,依次创建"墙""窗""轮廓线、地坪线""阳台""辅助线"等图层,如图 4-52 所示。

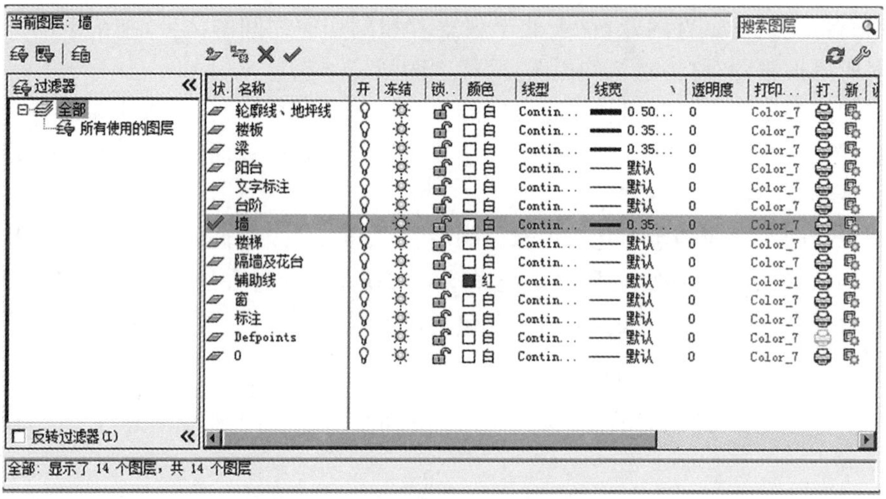

图 4-52 "图层特性管理器对话框"设置

二、绘制墙线和楼板

(1) 切换到"辅助线"图层,执行"构造线"命令,分别绘制一条水平和垂直的构造线。

(2) 执行"偏移"命令,将垂直的构造线依次偏移 3500,4000,6000,1500,最下方一条水平构造线为地坪线所在位置,向上依次偏移 100,3900,3400。

(3) 将当前图层设为"墙"图层。

(4) 执行"多线"命令,命令行提示如下:

当前设置:对正=上,比例=20.00,样式=STANARD

指定起点或[对正(J)/比例(S)/样式(ST)]:"ST"   //输入"ST",要求设置样式

输入多线样式名或[?]:W240

指定起点或[对正(J)/比例(S)/样式(ST)]:"S"   //输入"S",要求设置比例

输入多线比例(20.000):1   //设置比例为 1

当前设置:对正=上,比例=1.00,样式=W240

指定起点或[对正(J)/比例(S)/样式(ST)]:"J"   //输入"J",要求设置对正

输入对正类型[上(T)/ 无(Z)/下(B)]<上>:Z   //设置对正类型

当前设置:对正=无,比例=1.00,样式=W240

指定起点或[对正(J)/比例(S)/样式(ST)]:

　　　　　　　　　　　　　　　　　　　　　　//捕捉最左侧辅助线与室内地坪线辅助线的交点
指定下一点：
　　　　　　　　　　　　　　　　　　//捕捉最左侧辅助线与步骤(2)偏移生成辅助的交点
指定下一点或[放弃(U)]：　　　　　　　　　　　　　//按<Enter>键,完成绘制
(5) 继续执行"多线"命令,绘制其他墙体如图 4 - 53 所示。
(6) 将当前图层设为"楼板"图层,执行"多线"命令绘制楼板,命令行提示如下：
当前设置：对正＝无,比例＝1.00,样式＝W240
指定起点或[对正(J)/比例(S)/样式(ST)]：ST　　　　//输入"ST",要求设置样式
输入多线样式名或[?]：LB200
(LB200 为提前设置的多线样式,楼板厚 200)
指定起点或[对正(J)/比例(S)/样式(ST)]：S　　　　　//输入"S",要求设置比例
输入多线比例(1.000)：1　　　　　　　　　　　　//设置比例为 1
当前设置：对正＝上,比例＝1.00,样式＝W240
指定起点或[对正(J)/比例(S)/样式(ST)]：J　　　　　//输入"J",要求设置对正
输入对正类型[上(T)/ 无(Z)/下(B)]<上>：T　　　　//设置对正类型
当前设置：对正＝上,比例＝1.00,样式＝ LB200
指定起点或[对正(J)/比例(S)/样式(ST)]：
　　　　　　　　　　　　　　　　//捕捉最左侧垂直辅助线与室内楼层辅助线的交点
指定下一点：　　　　　　　　　　　　　　//捕捉第二条垂直辅助线与
　　　　　　　　　　　　　　　　　　　室内楼层辅助线的交点
指定下一点或[放弃(U)]：　　　　　　　　　　　//按<Enter>键,完成绘制
(7) 继续执行"多线"命令,绘制其他楼板,如图 4 - 53 所示。

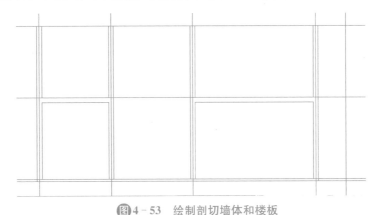

图 4 - 53　绘制剖切墙体和楼板

三、绘制屋顶

　　为便于排水,屋顶一般做成坡面。可采用"多段线"命令绘制屋顶,屋顶厚为 150 mm,
步骤如下：
　　(1) 将当前图层设为"屋顶"图层。
　　(2) 执行"偏移"命令,将绘制墙线时创造的辅助线向上偏移 2000,并执行"修剪"命令,
以最左侧和最右侧的构造线为剪切边对偏移的辅助线进行修剪,效果如图 4 - 54 所示。

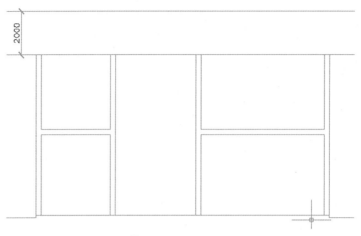

图 4 - 54　修剪构造线

(3) 执行"多段线"命令,命令行提示如下:

命令: Pline　　　　　　　　　　//使用相对点法确定起点

基点:　　　　　　　　　　　　//捕捉图 4 - 55 图所示的点 1

<偏移>:@:—400.0　　　　　　//输入相对坐标确定多段线起点

当前线宽为 0.000

指定下一点或{圆弧(A)/半宽(H)/长度(L)/放弃(U)/宽度(W)}:

　　　　　　　　　　　　　　//捕捉图所示的点 2

指定下一点或{圆弧(A)/闭合(C)/半宽(H)/长度(L)/放弃(U)/宽度(W)}:FROM

　　　　　　　　　　　　　　//使用相对点法确定多线段的下一点

指定下一点或{圆弧(A)/闭合(C)/长度(L)/放弃(U)/宽度(W)}:

　　　　　　　　　　　　　　//捕捉图 4 - 55 所示的点 2

<偏移>:@400.0　　　　　　　//输入相对坐标确定下一点

指定下一点或{圆弧(A)/闭合(C)/半宽(H)/长度(L)/放弃(U)/宽度(W)}

　　　　　　　　　　　　　　//按<ENTER>键,完成绘制,如图 4 - 55 所示

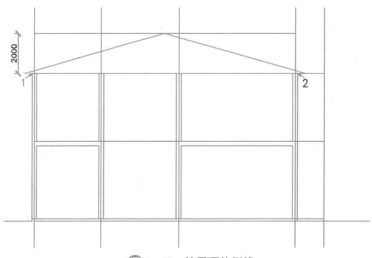

图 4 - 55　绘屋顶外侧线

（4）执行"偏移"命令,将步骤（3）绘制的多线段向下偏移150,效果如图 4 - 56 所示,将屋檐与左边墙体的相交部分放大,效果如图 4 - 56 所示。

（5）执行"修剪"命令,以辅助线为剪切边,对生成的多段线进行修剪,并使用"直线"命令连接屋顶边和墙体。

（6）使用同样的方法对右侧屋顶和墙体相交部分进行处理,执行"延伸"命令,选择屋顶的内侧线为延伸边界,将中间两个剖切墙体向上延伸,如图 4 - 57 所示。

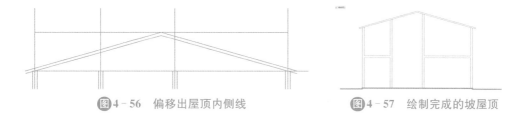

图 4 - 56　偏移出屋顶内侧线　　　　图 4 - 57　绘制完成的坡屋顶

四、绘制窗

建筑剖面图中的窗对象有两类：一类是被剖切到的窗,它的绘制方法与建筑平面图中窗的绘制方法相同；另一类是没有剖切到的窗,它的绘制方法与建筑立面图中窗的绘制方法相似。因此,可借鉴前面相关内容,完成剖面图中窗的绘制。本例中的剖切面位置仅有一种被剖切的窗,尺寸为高 1800 mm,宽 240 mm,其绘制步骤如下：

（1）将"窗"图层设为当前图层。

（2）执行"偏移"命令,将室内地坪线所在辅助线向上偏移1000,如图 4 - 58 所示。

（3）执行"多段线"命令,命令行提示如下：

命令:pline

指定起点:

指定下一点或{圆弧（A）/半宽（H）/长度（L）/放弃（U）/宽度（W）}:@240,0

指定下一点或{圆弧（A）/闭合（C）/半宽（H）/长度（L）/放弃（U）/宽度（W）}:@0,-200

指定下一点或{圆弧（A）/闭合（C）/半宽（H）/长度（L）/放弃（U）/宽度（W）}:@-240,0

指定下一点或{圆弧（A）/闭合（C）/半宽（H）/长度（L）/放弃（U）/宽度（W）}:@0,100

指定下一点或{圆弧（A）/闭合（C）/半宽（H）/长度（L）/放弃（U）/宽度（W）}:@-160,0

指定下一点或{圆弧（A）/闭合（C）/半宽（H）/长度（L）/放弃（U）/宽度（W）}:@0,100

指定下一点或{圆弧（A）/闭合（C）/半宽（H）/长度（L）/放弃（U）/宽度（W）}:C

　　　　　　　　　　　　　//按<ENTER>键,完成后如图 4 - 58(b)所示

（4）执行"矩形"命令,以 A 点为第一个角点,第二个角点坐标是"@240,1800",绘制图形。

（5）执行"分解"命令,将步骤（4）绘制完成的矩形分解,执行"偏移"命令,将分解矩形的左边向右偏移80,分解矩形的右边向左偏移80,如图 4 - 59(a)所示。

（6）执行"图案填充"命令,如图 4 - 59(b)所示。

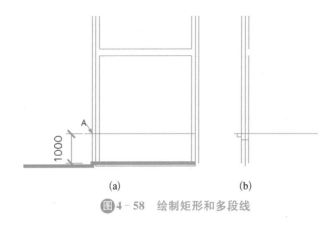

图 4 - 58　绘制矩形和多段线

（7）执行"镜像"命令，将如图 4 - 59(b)所示的窗剖面图镜像，镜像线为过屋顶辅助线中点的竖向直线，镜像效果如图 4 - 60 所示。

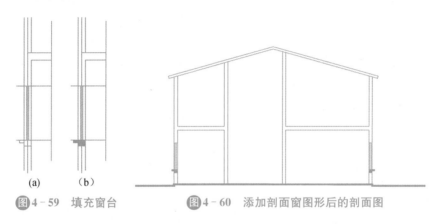

图 4 - 59　填充窗台　　　　　　　　图 4 - 60　添加剖面窗图形后的剖面图

五、绘制阳台

阳台是建筑物的室外活动空间，一般由楼板、墙体和护栏组成。由于本例中剖切线并未通过阳台，完成阳台绘制的建筑剖面如图 4 - 61 所示。

任务三

筑剖面图绘制（二）

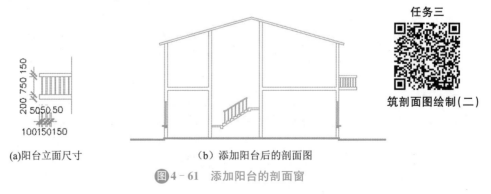

(a)阳台立面尺寸　　　　　　（b）添加阳台后的剖面图

图 4 - 61　添加阳台的剖面窗

六、绘制梁

梁设置在楼板的下面或设置在门、窗的顶部、楼梯下面，绘制步骤如下：

（1）将"梁"图层设为当前图层。

（2）本例中需要用到两种梁：外墙的圈梁和窗梁尺寸为：宽 240，高 300；内墙的梁尺寸为：宽 240，高 400。用"矩形"命令分别绘制两个矩形。

（3）执行"图案填充"命令，对绘制完成的两个矩形分别填充 SOLID 图案。

（4）分别将所绘制的两个梁设置为图块，并命名为"梁 1"和"梁 2"，基点均为矩形的左上角。

（5）执行"插入块"命令，分别插入"梁 1"和"梁 2"图块，如图 4 - 62 所示。

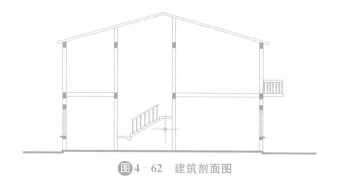

图 4 - 62　建筑剖面图

七、添加尺寸标注和文字注释

在剖面图中，应标出的尺寸包括被剖切到的必要尺寸，包括竖直方向剖切部位的尺寸和标高，外墙需要标注门窗洞的高度尺寸和层高，室内外的高度差和建筑物总的标高等。标高符号可以制作成有属性的图块，可加快标注高的速度。

除了标高之外，在建筑剖面图中还需要标注出轴线和符号，以表明剖面图所在的范围，在本例剖面图中，要表明 4 条轴线编号，分别是轴线Ⓕ、轴线Ⓔ、轴线Ⓒ和轴线Ⓐ。

轴线编号和标高符号的创建与立面图绘制时相同，尺寸的标注与平面图绘制时相同，这里不再叙述，仅简述步骤如下：

（1）切换到"标注"图层。

（2）使用样板图中创建的 S1 - 100 标注样式，进行各种长度标注。

（3）使用创建的"标高"图块标注标高，室内地坪层标高为 ±0.000，二层楼板标高为 3.900。

（4）使用平面绘制中创建的竖向轴线编号创建剖面图轴线编号，轴线编号依次为 F、E、C、A，最终完成，如图 4 - 63 所示。

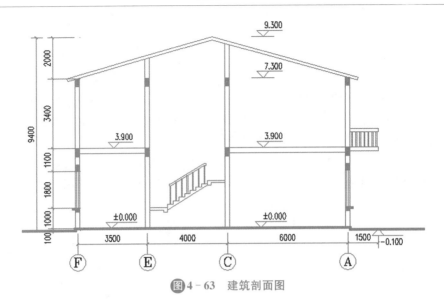

图 4 - 63　　建筑剖面图

学后任务

1. 复习建筑剖面图施工图的内容和画图步骤,总结建筑剖面图的设计过程和绘制方法。
2. 绘制建筑剖面图图纸,见附录三。

▶ 任务四　　建筑大样图的绘制 ◀

任务描述

本部分任务是在了解 AutoCAD 软件基本工具绘制基础上,让学生学会建筑大样图的绘制方法和步骤。

知识、技能目标

掌握建筑大样图的基本知识和图示内容,熟悉建筑大样图的绘图方法;能熟练利用 AutoCAD 软件绘制建筑详图。

知识基础

建筑大样图也叫建筑详图,建筑大样图是建筑细部的施工图。

建筑平面图、建筑立面图和建筑剖面图是建筑物施工图的主要图样,它们已将建筑物的整体形状、结构、尺寸等表示清楚了,但是由于画图一般采用较小的比例,一些建筑构配件(如门、窗、楼梯等)和建筑剖面节点(如檐口、窗台、散水等)的详细构造、尺寸、做法及施工要求在图上都无法注写、画出。为了满足施工需要,建筑物的某些部位必须绘制较大比例的图样才能清楚地表达。这种对建筑的细部或构配件,用较大的比例将其形状、大小、材料和做法,按正投影图的画法详细地表示出来的图样,称为建筑详图。因此,建筑详图是建筑平、立、剖面图的补充。

建筑详图的表示方法,应根据所绘制的建筑细部构造和构配件的复杂程度,按清晰表达的要求来确定,例如墙身节点图通常用一个剖面详图表达,楼梯间宜用几个平面详图和一个剖面详图、几个节点详图表达。

1. 建筑大样图的内容

(1) 比例与图名;

(2) 定位轴线;

(3) 图线;

(4) 尺寸标注;

(5) 其他标注。

2. 建筑详图的分类

常用的建筑详图基本上可分为三大类:节点详图、房间详图和构配件详图。

(1) 节点详图

节点详图是房屋构造的局部放大图,可以表达出构造做法、尺寸,构配件相互关系和建筑材料等。

(2) 房间详图

房间详图是建筑某房间的完整放大图,可以表现房间详细布置、尺寸、材料、构造做法等。

(3) 构配件详图

构配件详图是房屋建筑某构件或配件的放大图,可以表达出构造做法、尺寸,构配件相互关系和建筑材料等。

 任务实现

一、绘制楼梯间详图

楼梯间详图采用的绘图比例多为1:50,具体操作步骤如下:

(1) 打开建筑平面图,选中需要绘制详图区域的图形,单击鼠标右键,在弹出的快捷菜单中选择"带基点复制"命令,捕捉基点为最上方轴线与竖向轴线的交点。

(2) 创建一个基于 A2 样板的新文件,在绘制区单击右键,在弹出的快捷菜单中选择"粘贴"命令,从而粘贴步骤(1)复制的图形。

(3) 执行"构造线"命令,绘制水平构造线。

(4) 执行"修剪"命令,以步骤(3)创建的构造线为剪切边,对墙线进行修剪。

(5) 删除步骤(3)创建的构造线,执行"缩放"命令,命令行提示如下:

命令:_Scale

选择对象:指定对角点:找到 45 个　　　　//选择除轴线以外的所有图形对象

选择对象:　　　　　　　　　　　　//按<Enter>键,完成选择

指定基点：　　　　　　　　　　　　　//捕捉上部水平构造线与垂直构造线的交点

指定比例因子或{复制(C)/参考(R)}(1.000):2

　　　　　　　　　　　　　　　　　　//输入比例因子,按＜Enter＞键

（6）执行"多段线"命令绘制折断线,起点为任意点,其他点相对坐标依次为(@1000，0)、(@100,－300)、(@－200,－600)、(@100,－300)和(@1000,0),并保存为"折断线"图块,基点为第三条直线的中点。

（7）右键单击"对象捕捉"按钮,在弹出的快捷菜单中选择"设置"命令,设置"交点"和"延伸",捕捉模式,插入"折断线"图块,垂直轴线上的折断线旋转角度为 0°,横向轴线上的折断线旋转角度为 90°,如图 4－64 所示。

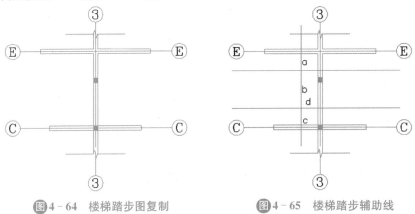

图 4－64　楼梯踏步图复制　　　　　图 4－65　楼梯踏步辅助线

（8）将当前图层设为"辅助线"图层。

（9）将③轴线向左偏移 1020、将Ⓒ轴线向上偏移 1020、将Ⓔ轴线向下偏移 1020。

（10）将当前图层设为"楼梯"图层。用"直线"命令按照图 4－65 绘制出 a、b、c、d 线段。

（11）分别将线段 a 向左偏移 4 次,间距 250；线段 c 向左偏移 4 次,间距 250；线段 d 向上偏移 7 次,间距 280；

（12）绘制扶手,将线段 d 向左偏移 70,按照此方式绘制出上下两端扶手。使用步骤(6),绘制出梯段的折断符号,使用"多段线"命令绘制出上下楼梯的箭头,如图 4－66 所示。

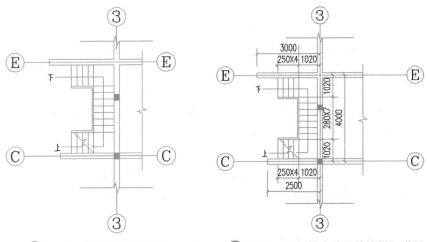

图 4－66　绘制完成的楼梯　　　　　图 4－67　添加轴线编号的楼梯间详图

（13）按比例 1∶50，使用标注样式 S1－50 进行尺寸标注，完成后如图 4－67 所示。

二、绘制楼梯踏步详图

楼梯踏步表层通常在踏步边缘，沿水平线应设置防滑条，其具体绘制步骤如下：

（1）绘制踏步详图，采用的绘图比例为 1∶10，先用"矩形"命令，绘制 2500×2500 矩形，而后进行分解，并将上边向下偏移 200，左边向右偏移 200，最后进行修剪。

（2）单击"矩形"按钮，命令行提示如下：

命令：_rectang

指定第一个角点或［倒角(C)/标高(E)/圆角(F)/厚度(T)/宽度(W)］:FROM

基点：　　　　　　　　　　　//拾取图 4.68 中的左上角点

＜偏移＞：@400，－100　　　　//输入相对偏移距离

指定另一个角点或［面积(A)/尺寸(D)/旋转(R)/］:@200，200

　　　　　　　　　　　　　　//输入另外一个点的相对坐标，效果
　　　　　　　　　　　　　　如图 4－68 所示

图 4－68　绘制防滑条

图 4－69　修剪后的防滑条

（3）使用"修剪"命令，对抹面进行修剪，效果如图 4－69 所示。

（4）使用"填充图案"命令填充踏步，其中水泥抹面保护层和防滑条的填充图案采用 AR－CONC，第一种图案的填充比例为 100，角度为 135°；第二种比例设为 2，效果如图 4－70 所示。

（5）将 S1－10 置为当前标注样式，对踏步进行标注，同时添加文字"防滑条"，字体样式为 Standard，字高为 150，效果如图 4－71 所示。

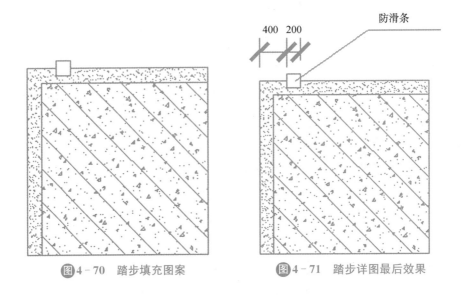

图4－70　踏步填充图案　　　　　图4－71　踏步详图最后效果

 学后任务

　　1. 复习楼梯间详图、楼梯踏步详图的绘制过程,对建筑详图进一步地进行了解,尝试独立地完成部分详图的绘制。

　　2. 绘制建筑详图图纸,见附录三。

项目五　室内设计施工图的绘制

学习目标

　☆掌握原始房型图、平面布置图、地材图、主要空间立面图的创建和绘制方法。以及在施工图中进行文字标注、图案填充、尺寸标注的方法。

　☆重点掌握室内设计施工图的绘制方法和编制技巧。

具体任务

　1. 原始房型图的绘制；　　　　2. 平面布置图的绘制；

　3. 地材图的绘制；　　　　　　4. 顶棚图平面图的绘制；

　5. 主要空间立面图的绘制。

▷ 任务一　原始房型图的绘制 ◁

任务描述

本部分任务是使用 AutoCAD 软件，绘制原始房型图。需要绘制的图形包括墙体、窗、门及预留的门洞，并标注图形的尺寸、图名等。

知识、技能目标

掌握原始房型图中的绘制环境的设置，能进行墙体、门窗绘制，尺寸标注的具体操作。

知识基础

室内设计师在量房之后需要用图纸将测量结果表达出来，包括房型结构、空间关系、门洞、窗户的位置尺寸等。这是设计师进行室内设计绘制的第一张图，即原始房型图。其他专业的施工图也都是在原始房型图的基础上进行绘制的，包括平面布置图、顶棚图、地材图、电气图等。

图形文件创建之后，就可以开始绘制各个图形了。原始房型图需要绘制的图形包括墙体、窗、门及预留的门洞，并标注尺寸、图名等。

本节介绍两种常用的墙体绘制方法：通过轴网绘制和复制多线绘制，最终完成的墙体图形如图 5-1 所示。

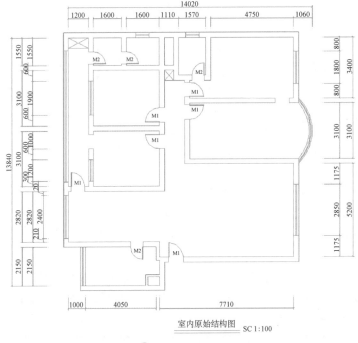

图5-1 实例效果

 任务实现

一、设置绘制环境

1. 按下 ▲选择【新建】→【图形】命令，或者快捷键<Ctrl>＋<N>，打开"选择样板"对话框，在对话框中选择 acadiso 样板，如图 5 - 2 所示。单击 打开(0) ▼按钮，新建一个图形文件。

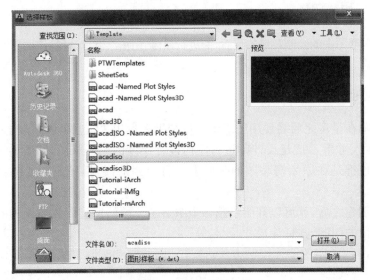

图5-2 选择图形文件

2. 选择【文件】→【保存】命令,打开"图形另存为"对话框,在"文件名"文本框中输入文件名"原始房型图",单击【保存】按钮。

3. 打开"图层特性管理器"对话框,如图 5-3 所示,调整各图层的名称、颜色和线型。设置完成后,将"轴线"图层设为当前图层。

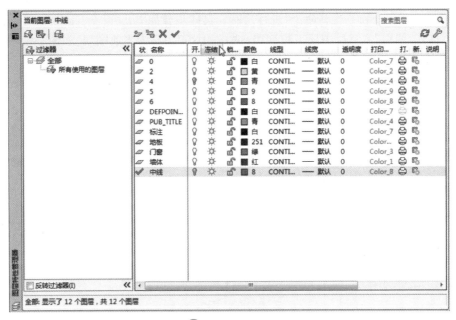

图5-3　设置图层

4. 执行【工具】→【草图设置】命令,打开"草图设置"对话框,勾选如图 5-4 所示的选项后,单击【确定】按钮。

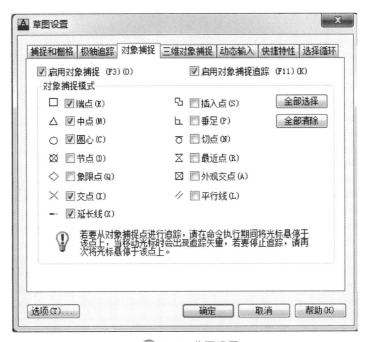

图5-4　草图设置

二、绘制墙体图形

任务一

绘制轴网

方法一:通过轴网绘制墙体

1. 绘制轴网

使用"直线"命令和"复制"命令,进行绘制。具体步骤如下:

(1) 打开"图层"工具栏图层下拉列表,选择"中线"图层为当前图层,如图 5-5 所示。

图 5-5　图层下拉列表

(2) 用"直线"命令在水平面绘制一条 14218 mm 长水平轴线,依次由上至下绘制距离依次是 1830、570、1280、1530、3380、3100、850、1580 的辅助轴线,如图 5-6 所示。

图 5-6　轴线示意图

（3）在垂直面绘制一条 14218 mm 垂直线段，依次由左至右绘制距离依次是 1000、480、1880、2170、830、650、1200、5030 的辅助轴线。如图 5-7 所示，完成水平方向轴线绘制。

图5-7　水平方向轴线示意图

（4）根据如图 5-1 所示尺寸，调用"复制"命令绘制水平线段，完成竖直方向轴线的绘制。如图 5-8 所示。

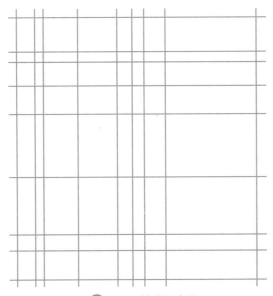

图5-8　轴线示意图

　　(5) 使用夹点法编辑轴网,没有墙体的位置不显示轴线,最终完成轴网图形如图 5 - 9 所示。

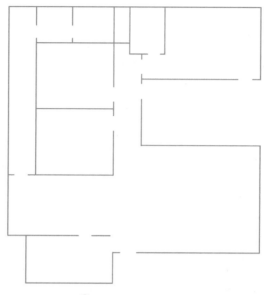

图5 - 9　轴网编辑结果

2. 绘制墙体

　　轴网已经确定了墙体的位置,因此沿轴线即可轻松绘制墙体。墙体一般由两条平行线表示,使用多线(ML)命令可以直接绘制,操作如下:

　　(1) 将"墙线"图层设为当前图层。

　　(2) 使用"多线"命令,命令选项如下:

　　命令: _mline　　//绘制墙体前对墙体进行设置

　　当前设置:对正 = 无,比例 = 20,样式 = STANDARD

　　指定起点或[对正(J)/比例(S)/样式(ST)]: j　　　　　//多线在中轴线上的位置

　　输入对正类型[上(T)/无(Z)/下(B)]<无>: z　　　　//中轴线在多线的中间

　　当前设置:对正 = 无,比例 = 20,样式 = STANDARD

　　指定起点或[对正(J)/比例(S)/样式(ST)]: s　　　　　//多线的宽度设置

　　输入多线比例 <20.00>: 280

　　当前设置:对正 = 无,比例 = 280.00,样式 = STANDARD

　　指定起点或[对正(J)/比例(S)/样式(ST)]:　　　　　　//依墙体中轴线绘制

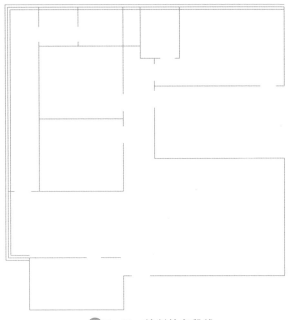

图5-10 绘制的多段线

（3）继续调用"多线"命令，结合轴线示意图完成墙线绘制，如图5-11所示。

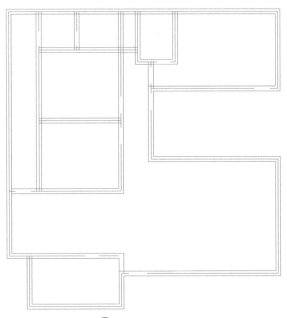

图5-11 绘制墙线

3. 修剪墙体线

任务一

初步绘制的墙体还需要进行修剪，才能得到所需要的效果。在修剪之前，必须将表示墙体的多线分解，然后才能对其进行修剪，具体操作步骤如下：

修剪墙体线

（1）隐藏"轴线"图层，以便于修剪操作。

（2）调用"分解"命令分解多线，命令选项如下：

命令：_explode   //全图选中进行分解

选择对象：指定对角点：找到 13 个

3 个不能分解。

选择对象：   //点击空格键

（3）多线分解后，调用"修剪"命令修剪线段，命令如下：

命令：_trim

当前设置：投影＝UCS,边＝无

选择剪切边...

选择对象或 ＜全部选择＞： 找到 1 个

选择对象：

选择要修剪的对象,或按住 Shift 键选择要延伸的对象,或

［栏选(F)/窗交(C)/投影(P)/边(E)/删除(R)/放弃(U)］：

框选需放大显示的区域如图 5－12 所示,放大显示后的效果如图 5－13 所示。

图 5－12   框选放大的区域   图 5－13   局部放大显示效果

（4）最后使用夹点法补充修剪命令不能修补的位置。

（5）修剪完成后的墙体如图 5－14 所示。

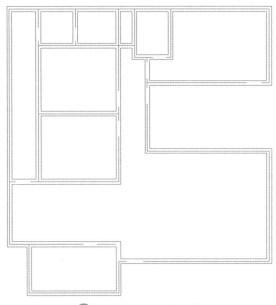

图 5 - 14　修改完成后效果

　　(6) 编辑多线,除了上面的修剪方法之外,也可使用"编辑多线"(MLEDIT)命令,该命令主要用于编辑多线的相交或相接部分,例如多线与多线之间的闭合与断开位置。以如图 5 - 15 所示多线区域为例,介绍"编辑多线"命令的方法。

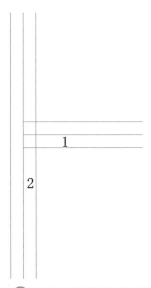

图 5 - 15　修改框内的多线

　　(7) 调用【修改】→【对象】→【多线】命令或者在命令窗口输入"MLEDIT"并按回车键,调用 MLEDIT 命令,打开如图 5 - 16 所示"多线编辑工具"对话框。选择光标位置,点击【确定】按钮关闭对话框。然后系统提示进行操作。

　　命令:_mledit
　　选择第一条多线:　　　　//选择图 5 - 15 所示 1 号线段
　　选择第二条多线:　　　　//选择图 5 - 15 所示 2 号线段

选择第一条多线 或 [放弃(U)]: *取消*

图 5-16 多线编辑工具

得到修改后效果如图 5-17 所示。

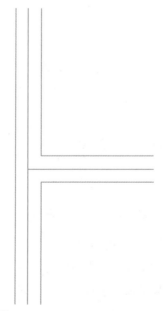

图 5-17 "T 型打开"修剪方式结果

方法二:复制多线绘制墙体

使用轴网绘制墙体的方法简单、直观,在建筑绘图中应用较为广泛。本节介绍另外一种比较常用的墙体绘制方法——复制多线绘制墙体,该方法省去了诸多轴网的绘制,可以大大提高绘图速度。具体步骤如下:

1. 绘制墙体线

(1) 设置"墙体"图层为当前图层。

(2) 参照图5-6所示尺寸,绘制长为14 218 mm的水平多线,操作步骤如下:

命令: _mline

当前设置:对正 = 上,比例 = 20.00,样式 = STANDARD

指定起点或 [对正(J)/比例(S)/样式(ST)]: j   //多线在中轴线上的位置

输入对正类型 [上(T)/无(Z)/下(B)] <上>: z   //中轴线在多线的中间

当前设置:对正 = 无,比例 = 20.00,样式 = STANDARD

指定起点或 [对正(J)/比例(S)/样式(ST)]: s   //多线的宽度设置

输入多线比例 <20.00>: 280

当前设置:对正 = 无,比例 = 280.00,样式 = STANDARD

指定起点或 [对正(J)/比例(S)/样式(ST)]:

指定下一点: 14218

指定下一点或 [放弃(U)]:

水平向右移动光标,输入14218并按回车键如图5-18所示。

任务一

绘制墙体

图5-18 水平向右光标移动

(3) 使用"复制"命令,依次由上至下绘制多线,距离依次为1830、570、1280、1530、3380、3100、850、1580,如图5-19所示。

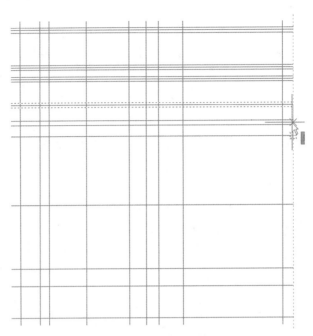

图 5－19　多线绘制示意图

（4）使用"复制"命令，依次由左至右绘制多线距离，依次为 1000、480、1880、2170、830、650、1200、5030，如图 5－20 所示。

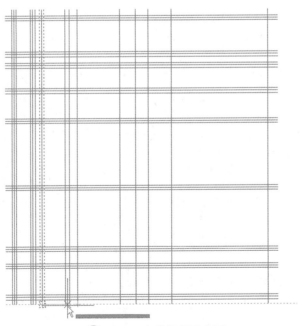

图 5－20　多线绘制示意图

（5）完成绘制墙体图，如图 5-21 所示。

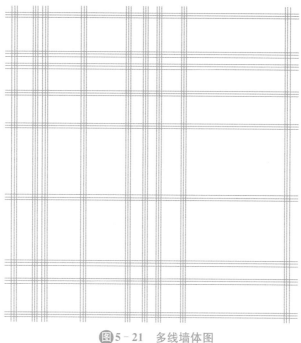

图 5-21 多线墙体图

2. 修改墙体

使用方法一介绍的方法修改墙体线，即先使用夹点法修剪墙体轮廓（如图 5-11）然后分解多线，最后使用"修剪"命令修剪墙体（如图 5-14），这里就不再论述。

三、绘制门、窗洞

1. 使用"直线"命令绘制门、窗洞口，如图 5-22 所示。

任务一

绘制门、窗洞

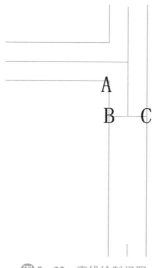

图 5-22 直线绘制门洞

命令：LINE

指定第一个点：200	//利用端点对象捕捉从 A 点向 B 点移动同时输入 200

指定下一点或 [放弃(U)]：280

　　　　　　　　//从 B 点向 C 点绘制直线长为 280

指定下一点或 [放弃(U)]：

2.使用"复制"命令，将门、窗洞口线向另一侧复制，如图 5 - 23 所示。

命令：COPY

选择对象：找到 1 个	//选择 A 点向 B 点复制

当前设置：　复制模式 ＝ 多个

指定基点或 [位移(D)/模式(O)] ＜位移＞：

指定第二个点或 [阵列(A)] ＜使用第一个点作为位移＞：800	//从 A 点向 B 点复制距离 800

指定第二个点或 [阵列(A)/退出(E)/放弃(U)] ＜退出＞：

3.绘制门、窗洞口线完成图，如图 5 - 24 所示。

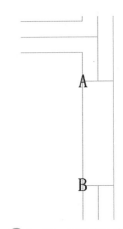

图 5 - 23　复制门洞线

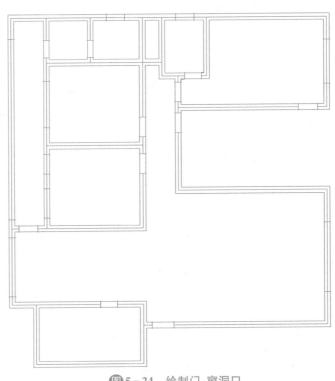

图 5 - 24　绘制门、窗洞口

4. 使用"修剪"命令，完成门、窗洞口线的绘制如图 5-25 所示，步骤如下：

命令：_trim

当前设置：投影＝UCS，边＝无

选择剪切边……

选择对象或 ＜全部选择＞： 指定对角点：找到 4 个

选择对象：

选择要修剪的对象，或按住 Shift 键选择要延伸的对象，或

［栏选（F）/窗交（C）/投影（P）/边（E）/删除（R）/放弃（U）］：

选择要修剪的对象，或按住 Shift 键选择要延伸的对象，或

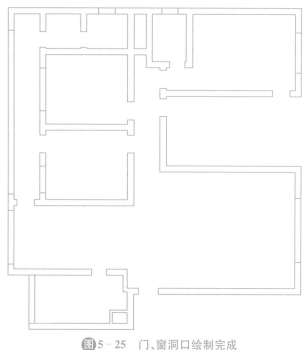

图 5-25　门、窗洞口绘制完成

四、绘制门窗

本户型的门洞 M1、M2 如图 5-26 所示，门 M1 的尺寸为 800 mm×40 mm。门 M2 的尺寸 700 mm×40 mm。下面再将其在原始户型图中表示出来。

任务一

绘制门窗

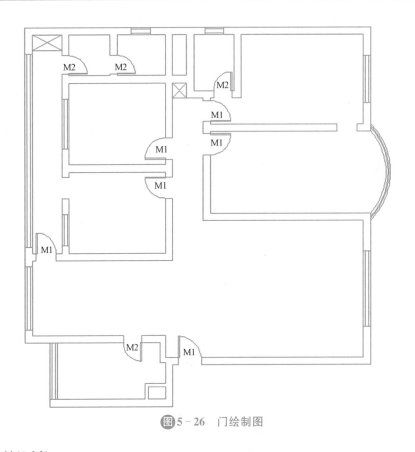

图 5-26　门绘制图

1. 绘制门 M1

(1) 设置"门窗"图层为当前图层。

(2) 使用"矩形"命令,捕捉门洞角点绘制尺寸为 800 mm×40 mm 的矩形。使用"圆弧"命令绘制门开启方向线,完成如图 5-27 所示,具体步骤如下:

命令:_rectang

指定第一个角点或 [倒角(C)/标高(E)/圆角(F)/厚度(T)/宽度(W)]:

//单击 A 点绘制门板

指定另一个角点或 [面积(A)/尺寸(D)/旋转(R)]: @40,800

命令:_arc　　　　　　　　　　　　　　　//使用三点圆弧

指定圆弧的起点或 [圆心(C)]:　　　　　　　//点击 B 点

指定圆弧的第二个点或 [圆心(C)/端点(E)]:　//点击 C 点

指定圆弧的端点:　　　　　　　　　　　　//点击 D 点

2. 绘制门 M2

(1) 设置"门窗"图层为当前图层。

(2) 使用"矩形"命令,捕捉门洞角点,绘制尺寸为 700 mm×40 mm 的矩形。使用"圆弧"命令绘制门开启方向线,完成如图 5-28 所示,具体步骤如下:

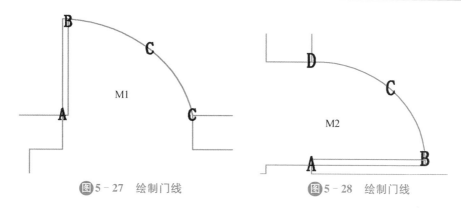

图 5-27　绘制门线　　　　　　　　　　图 5-28　绘制门线

命令：_rectang

指定第一个角点或［倒角(C)/标高(E)/圆角(F)/厚度(T)/宽度(W)］：

//单击 A 点绘制门板

指定另一个角点或［面积(A)/尺寸(D)/旋转(R)］：@700,40

命令：_arc　　　　　　　　　　　　　　　//使用三点圆弧

指定圆弧的起点或［圆心(C)］：　　　　　//点击 B 点

指定圆弧的第二个点或［圆心(C)/端点(E)］：　//点击 C 点

指定圆弧的端点：　　　　　　　　　　　//点击 D 点

3. 绘制窗户

(1) 设置"门窗"图层为当前图层。

(2) 如图 5-29 所示，调用【格式】—【多线样式】创建新的多线样式。

命名"01"，如图 5-30 所示。

图 5-29　多线样式　　　　　　　　图 5-30　创建多线样式

(3) 使用"多线"命令,捕捉墙体点绘制,完成图如图 5‑31 所示,具体步骤如下:

命令: MLINE

当前设置: 对正 = 无,比例 = 20.00,样式 = STANDARD

指定起点或 [对正(J)/比例(S)/样式(ST)]: j   //多线在中轴线上的位置

输入对正类型 [上(T)/无(Z)/下(B)] <无>: z //中轴线在多线的中间

当前设置: 对正 = 无,比例 = 20.00,样式 = STANDARD

指定起点或 [对正(J)/比例(S)/样式(ST)]: s   //多线的宽度设置

输入多线比例 <140.00>: 140

当前设置: 对正 = 无,比例 = 140.00,样式 = STANDARD

指定起点或 [对正(J)/比例(S)/样式(ST)]: st

输入多线样式名或 [?]: 01

当前设置: 对正 = 无,比例 = 140.00,样式 = 01

指定起点或 [对正(J)/比例(S)/样式(ST)]:

指定下一点: //点击 A 点

指定下一点或 [放弃(U)]:   //点击 B 点

图 5‑31   窗户的绘制

(4) 其他窗的画法参照图 5‑31 所示绘制,在这里不再赘述,窗绘制完成图如图 5‑32 所示。

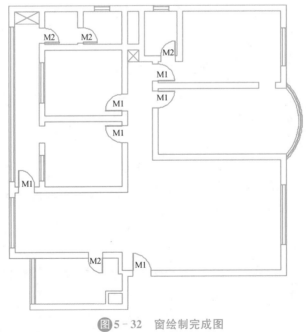

图 5‑32   窗绘制完成图

五、尺寸标注

室内施工图尺寸标注的准确与否直接影响到以后的设计工作,此外在进行室内设计时一般考虑的只是房间的内空尺寸,因此标注的尺寸也最好是反映房间的内空大小。尺寸标注完成图如图 5-33 所示。

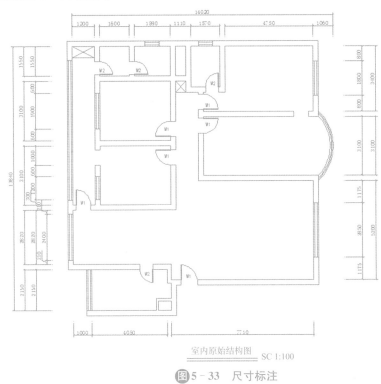

图 5-33 尺寸标注

1. 设置"标注"图层为当前图层。
2. 执行"标注样式"命令,对"线""符号和箭头""文字""主单位"选项卡,进行参数设置,如图 5-34(a)、(b)、(c)、(d)所示。

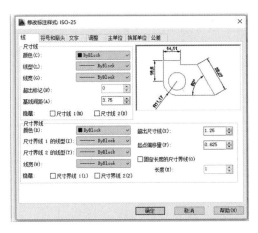

(a) 设置"线"选项卡参数

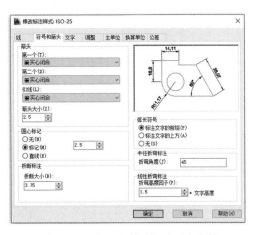

(b) 设置"符号和箭头"选项卡参数

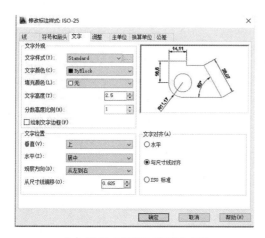

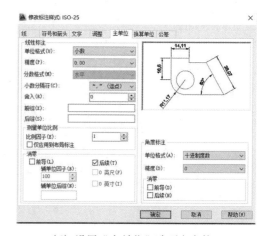

(c) 设置"文字"选项卡参数　　　　　　(d) 设置"主单位"选项卡参数

图 5 - 34　参数设置

3. 使用"线性标注"和"连续标注"命令,对图形进行标注说明。完成效果如图 5 - 33 所示。

4. 使用"直线"命令,在图形正下方绘制一条长 3 791 mm 水平线段,表示图形的说明线段。再使用"偏移"命令,选择刚才绘制线段向下偏移 80 mm。使用"多行文字"命令,设置文字的高度为 350,最终完成图如图 5 - 35 所示。

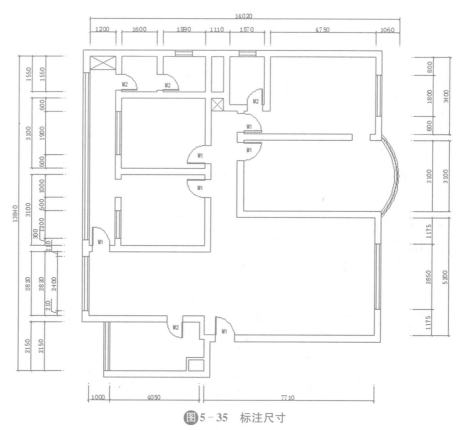

图 5 - 35　标注尺寸

 学后任务

绘制完成以下图形。

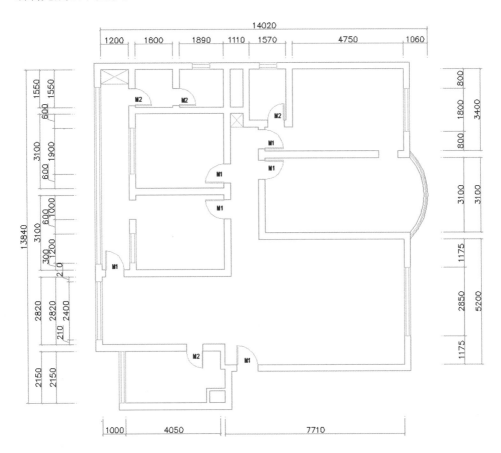

任务二　平面布置图的绘制

 任务描述

本部分任务在原始房型图的基础上,绘制一套功能齐全的居室,包括玄关、客厅、厨房、餐厅、卧室、儿童房、书房、卫生间等功能空间的绘制。

 知识、技能目标

掌握室内空间平面布置图的绘制,学会各种家用设施图形的绘制和调用,掌握床、桌、椅、洁具等平面图形的绘制。

知识基础

平面布置图是室内装饰施工图纸中的关键性图纸。它是在原建筑结构的基础上,根据业主的要求和设计师的设计意图,对室内空间进行详细的功能划分和室内设施进行定位。

一般商品房提供的是毛坯房,它只用墙体对主要空间进行简单的划分,如客厅、卧室、厨房等,其他功能空间则需要依据户型的特点和住户的需求进一步细分。一套功能齐全的居室应该包括玄关、客厅、厨房、餐厅、卧室、儿童房、书房、卫生间、贮藏室等功能空间,户型的不同,功能空间的多少可以有所不同。客厅作为会客、团聚、休息和娱乐的主要场所,是住宅中活动最集中,使用频率最高的场所,因此它是设计中的重点。

图 5 - 36 为本任务要实现完成的平面布置图。绘制平面布置图时,首先调用原始结构平面图,根据业主的要求和人体参数在结构平面图上划分各功能空间,然后确定各功能空间内家用设施和摆放位置从而绘制得到平面布置图。

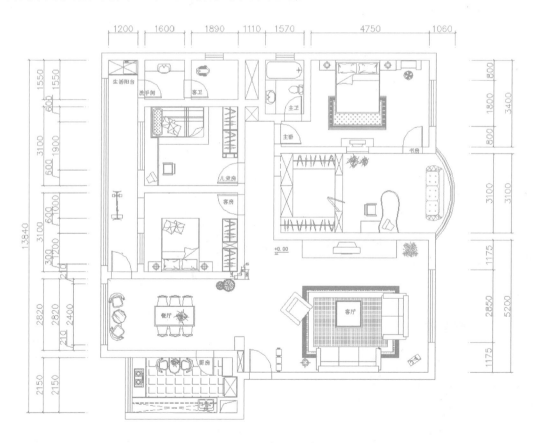

室内平面布置图　SC 1:100

图 5 - 36　室内平面布置图

在绘制平面布置图之前先简单介绍平面布置图的形成与内容，以及绘图的一些规范和要求，掌握了这些规范和要求，将有利于提高绘图质量。

任务二

家具绘制（一）

1. 平面布置图的形成与内容

（1）平面布置图的形成

室内平面布置图是用假想水平剖切面从窗台上方把房屋剖开移去上面的部分后所形成的正投影图，主要用来表示室内环境要素，如家具与陈设等。

（2）平面布置图的内容

一张平面布置图应包括以下的内容：

- 墙体、门窗；
- 家具、陈设、卫生洁具及所有固定的设备；
- 自然景物；
- 房间开间、进深的尺寸；
- 不同地坪的标高；
- 如要绘制剖面或立面图形则应画出剖面符号或立面指向符号；
- 如要绘制详图则应画出详图索引符号；
- 各个房间的名称以及图名与比例。

2. 平面布置图的画法及要求

下面介绍平面布置图的一些主要内容的画法及要求：

（1）墙体、门窗

墙体应用粗实线表示。不同材料的墙体相接或相交时，相接及相交处应画断，反之，不必画断。

门窗应按设计位置、尺寸和规定的图例进行绘制，一般情况下可以不画门窗号。当图形比例较小时门扇可用一单粗线表示，且可不画开启方向线；当图形比例较大时，为使图面丰富、耐看，富有表现力，可将门扇画出厚度，并加画开启方向线。

（2）家具与陈设

当图形比例较小时，家具与陈设可按规定的图例进行绘制，如果没有图例，则可以简单画出家具与陈设的外轮廓。当图形比例较大时，可按家具与陈设的外轮廓画出其平面图形，并可加画一些具有装饰意味的符号，如木纹、织物图案等。

对于窗帘、地毯等织物，在比例较小的平面图中可以不画。但在比例较大的平面图中，则可以画出，如用波浪线表示窗帘。

（3）卫生洁具

一般情况下，卫生洁具直接按图例进行绘制。当图形比例较大时，可画出具体的轮廓和细部，如把手和水龙头等。

（4）自然景物

自然景物包括花坛、树木、水池和喷泉等。在平面图中，要画准它们的位置，而外轮廓可画得自由一些，但线条要流畅，形状要自然。

（5）地面

在平面图中应表示出地面的划分和所用材料，但当平面图内容较为复杂时，地面图形可以单独绘制。

（6）线型

各家具、陈设、设施的外轮廓线使用中实线，其他可见轮廓线使用细实线，对于不可见轮廓线使用中虚线或细虚线。

 任务实现

一、设置绘图环境

平面布置图是在原始房型图的基础上绘制的，由于原始房型图中含有已绘制好的墙体，在此图中就不需重新绘制了。首先打开原始房型图，将其另存为"平面布置图"，然后在此含有墙体的图形中绘制平面布置图。

具体步骤如下：

（1）点击 选择【文件】→【打开】命令，打开上一节绘制的"原始房型图.dwg"。

（2）执行【文件】→【另存为】命令，弹出"图形另存为"对话框，在"文件名"文本框中输入"平面布置图"，如图 5 - 37 所示。

图 5 - 37   另存为"平面布置图"

（3）单击【保存】按钮，保存平面布置图。

二、绘制客厅布置图

根据客厅设计方案，绘制客厅平面布置图如图 5 - 38 所示，其主要功能区为沙发区和影视区。

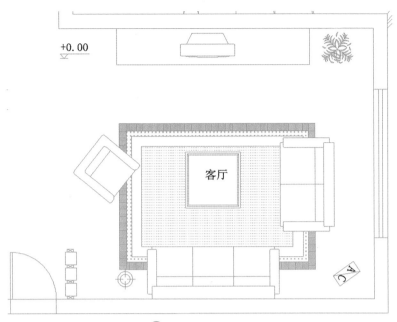

图 5-38　客厅布置图

1. 绘制电视机柜、电视

(1) 设置"家具"图层为当前图层。

(2) 使用"矩形"命令,参照实际尺寸在图 5-38 所示位置绘制 3800 mm×700 mm 矩形表示电视柜。

具体步骤如下:

命令: _rectang　　　　　　　　　　　　　//使用矩形绘制电视柜

指定第一个角点或 [倒角(C)/标高(E)/圆角(F)/厚度(T)/宽度(W)]:

指定另一个角点或 [面积(A)/尺寸(D)/旋转(R)]:@3800,700

(3) 使用"复制""粘贴"命令,复制电视机到图 5-38 所示位置。

具体步骤如下:

命令: 指定对角点或 [栏选(F)/圈围(WP)/圈交(CP)]:

　　　　　　　　　　　　　　　　　　//从图库中选中要复制的图形

命令: _copyclip 找到 6 个

命令: _pasteclip 忽略块 _DOTSMALL 的重复定义

指定插入点:　　　　　　　　　　　　　//在要使用的图形中粘贴

2. 绘制沙发、植物

(1) 设置"家具"图层为当前图层。

(2) 使用"复制""粘贴"命令,复制沙发和植物到图 5-38 所示位置。

具体步骤如下:

命令: 指定对角点或 [栏选(F)/圈围(WP)/圈交(CP)]:

　　　　　　　　　　　　　　　　　　//从图库中选中要复制的图形

命令：_copyclip 找到 137 个

命令：_pasteclip 忽略块 _DOTSMALL 的重复定义

指定插入点：   //在要使用的图形中粘贴

三、绘制餐厅布置图

根据餐厅设计方案，绘制餐厅平面布置图如图 5-39 所示。

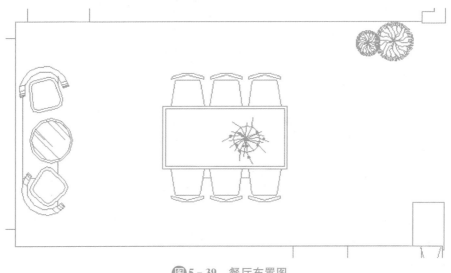

图 5-39　餐厅布置图

1. 绘制餐桌

(1) 设置"家具"图层为当前图层。

(2) 使用"复制""粘贴"命令，复制餐桌到图 5-39 所示位置。

具体步骤如下：

命令：指定对角点或 [栏选(F)/圈围(WP)/圈交(CP)]：

                                          //从图库中选中要复制的图形

命令：_copyclip 找到 96 个

命令：_pasteclip 忽略块 _DOTSMALL 的重复定义

指定插入点：   //在要使用的图形中粘贴

2. 绘制餐边休息座椅

(1) 设置"家具"图层为当前图层。

(2) 使用"复制""粘贴"命令，复制餐边休息座椅到图 5-39 所示位置。

具体步骤如下：

命令：指定对角点或 [栏选(F)/圈围(WP)/圈交(CP)]：

                                          //从图库中选中要复制的图形

命令：_copyclip 找到 300 个

命令：_pasteclip 忽略块 _DOTSMALL 的重复定义

指定插入点：　　　　　　　　　　　　　　//在要使用的图形中粘贴

四、绘制厨房布置图

根据厨房设计方案，绘制厨房平面布置图如图 5-40 所示，在此布置图中，除了橱柜需要通过手工绘制外，冰箱、洗菜盆和灶台均可采用复制图块的方法来完成，为了使大家熟练掌握 AutoCAD 的绘图命令，其中洗菜盆将手工绘制。

任务二

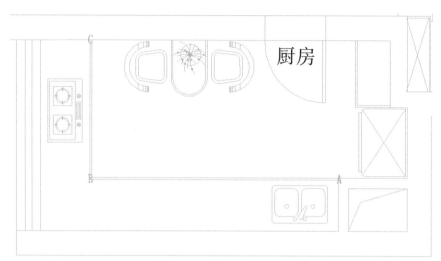

家具绘制（二）

图 5-40　厨房布置图

1. 绘制橱柜

(1) 设置"家具"图层为当前图层。

(2) 使用"多线"命令，根据实际尺寸绘制宽度为 600 mm 的橱柜。

具体步骤如下：

命令：MLINE

当前设置：对正 = 无,比例 = 20.00,样式 = STANDARD

指定起点或［对正(J)/比例(S)/样式(ST)］：j　　//多线在中轴线上的位置

输入对正类型［上(T)/无(Z)/下(B)］＜无＞：　z　//中轴线在多线的中间

当前设置：对正 = 无,比例 = 20.00,样式 = STANDARD

指定起点或［对正(J)/比例(S)/样式(ST)］：　s　//多线的宽度设置

输入多线比例 ＜20.00＞：　20

当前设置：对正 = 无,比例 = 20.00,样式 = STANDARD

指定起点或［对正(J)/比例(S)/样式(ST)］：

指定下一点：　＜正交 开＞3350　　　　　//从 A 点向 B 点绘制

指定下一点或［放弃(U)］：　　　　　　//从 B 点向 C 点绘制

指定下一点或［闭合(C)/放弃(U)］：

2. 绘制冰箱,洗菜盆和灶台

(1) 设置"家具"图层为当前图层。

(2) 使用"复制""粘贴"命令,复制冰箱、洗菜盆和灶台到图 5-40 所示位置。

具体步骤如下:

命令:指定对角点或 [栏选(F)/圈围(WP)/圈交(CP)]:   //从图库中选中要复制的图形

命令:_copyclip 找到 110 个

指定插入点: //在要使用的图形中粘贴

3. 绘制餐厅休息座椅

(1) 设置"家具"图层为当前图层。

(2) 使用"复制""粘贴"命令,复制休息座椅到图 5-40 所示位置。

具体步骤同冰箱、洗菜盆和灶台的画法。

五、绘制卫生间布置图

根据卫生间设计方案,绘制卫生间平面布置图如图 5-41 和图 5-42 所示,在此布置图中,除了浴池、化妆台需要通过手工绘制外,坐便器、蹲便器、洗脸池均可采用复制图块的方法来完成。

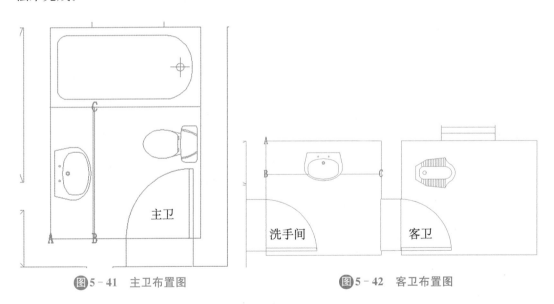

图 5-41 主卫布置图   图 5-42 客卫布置图

1. 绘制主卫化妆台

(1) 设置"家具"图层为当前图层。

(2) 使用"多线"命令,根据实际尺寸绘制宽度为 450mm 的化妆台,如图 5-41 所示。

具体步骤如下:

命令:MLINE

当前设置:对正 = 无,比例 = 20.00,样式 = STANDARD

指定起点或 [对正(J)/比例(S)/样式(ST)]：j　　　　　//多线在中轴线上的位置

输入对正类型 [上(T)/无(Z)/下(B)] ＜无＞：z　　　//中轴线在多线的中间

当前设置：对正 ＝ 无,比例 ＝ 20.00,样式 ＝ STANDARD

指定起点或 [对正(J)/比例(S)/样式(ST)]：450　　　//端点对象捕捉从 A 点到移

动至 B 点

指定下一点：　　　　　　　　　　　　　　　　//从 B 点向 C 点绘制

指定下一点或 [闭合(C)/放弃(U)]：

2. 绘制主卫坐便器、洗脸池、主卫浴池

(1) 设置"家具"图层为当前图层。

(2) 使用"复制""粘贴"命令,复制坐便器、洗脸池到图 5 - 41 所示位置。具体步骤同上例。

3. 绘制客卫化妆台

(1) 设置"家具"图层为当前图层。

(2) 使用"多线"命令,根据实际尺寸绘制宽度为 450 mm 的化妆台,如图 5 - 42 所示。

具体步骤如下：

命令：MLINE

当前设置：对正 ＝ 无,比例 ＝ 20.00,样式 ＝ STANDARD

指定起点或 [对正(J)/比例(S)/样式(ST)]：450

　　　　　　　　　　　　　　　　//端点对象捕捉从 A 点到移动至 B 点

　　　　　　　　　　　　　　　　//从 B 点向 C 点绘制

指定下一点：

指定下一点或 [放弃(U)]：

4. 绘制客卫蹲便器、洗脸池

使用"复制""粘贴"命令,复制蹲便器、洗脸池到图 5 - 41 所示位置。具体步骤同客卫化妆台的画法。

六、绘制卧室布置图

本户型卧室分主卧、儿童房、客房。由于主卧、儿童房中的图形相对来说比较具有代表性,所以本节主要介绍主卧、儿童房的绘制,客房布置图在这就不再介绍,请参照如图 5 - 36 所示设计方案自行完成。

主卧平面布置图如图 5 - 43 所示,所要绘制的家具有梳妆台、电视和电视柜,其他复制图块完成。

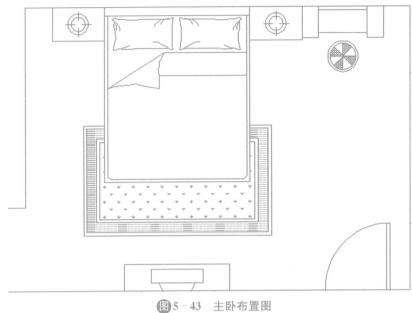

图 5-43 主卧布置图

1. 绘制电视、电视柜

(1) 设置"家具"图层为当前图层。

(2) 使用"复制""粘贴"命令,复制电视到图 5-43 所示位置。

(3) 使用"矩形"命令,根据实际尺寸绘制 1300 mm×320 mm 的电视柜,如图5-43所示。具体步骤略。

2. 绘制化妆台、化妆凳

(1) 设置"家具"图层为当前图层。

(2) 使用"矩形"命令,根据实际尺寸绘制 200 mm×380 mm 的 2 个矩形作为两侧。绘制 600 mm×320 mm 的矩形作为台面,绘制 600 mm×40 mm 的矩形作为镜面,如图5-43所示。

具体步骤如下:

命令: REC   //矩形台面绘制

指定第一个角点或 [倒角(C)/标高(E)/圆角(F)/厚度(T)/宽度(W)]:

指定另一个角点或 [面积(A)/尺寸(D)/旋转(R)]: @600,320

命令: RECTANG   //台面一侧矩形绘制

指定第一个角点或 [倒角(C)/标高(E)/圆角(F)/厚度(T)/宽度(W)]:

指定另一个角点或 [面积(A)/尺寸(D)/旋转(R)]: @200,380

命令: CO   //复制左侧矩形到右侧

选择对象: 找到 1 个

当前设置: 复制模式 = 多个

指定基点或 [位移(D)/模式(O)] <位移>:

指定第二个点或 [阵列(A)] <使用第一个点作为位移>:

指定第二个点或 [阵列(A)/退出(E)/放弃(U)] <退出>:

命令：REC　　　　　//化妆镜的绘制

指定第一个角点或［倒角(C)/标高(E)/圆角(F)/厚度(T)/宽度(W)］：

指定另一个角点或［面积(A)/尺寸(D)/旋转(R)］：@600，－40

(3) 使用复制【CTRL＋C】、粘贴【CTRL＋V】命令，复制化妆凳到图5－43所示位置。

3. 绘制床、床头柜

绘制床、床头柜等采用复制图块的方法进行，这里不再论述。

儿童房平面布置图如图5－44所示，所要绘制的家具有电脑桌，其他用复制图块完成。

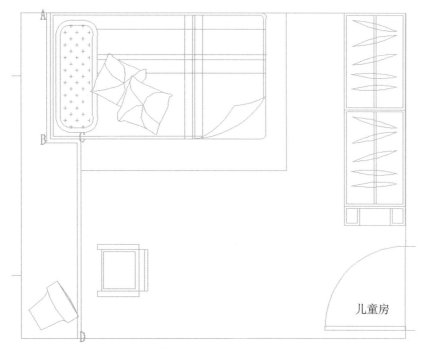

图5－44　儿童房布置图

4. 绘制电脑桌

(1) 设置"家具"图层为当前图层。

(2) 使用"多线"命令，根据实际尺寸绘制电脑桌，如图5－44所示。

具体步骤如下：

命令：MLINE

当前设置：对正 ＝ 无，比例 ＝ 20.00，样式 ＝ STANDARD

指定起点或［对正(J)/比例(S)/样式(ST)］： j　//多线在中轴线上的位置

输入对正类型［上(T)/无(Z)/下(B)］＜无＞：

当前设置：对正 ＝ 无，比例 ＝ 20.00，样式 ＝ STANDARD

指定起点或［对正(J)/比例(S)/样式(ST)］： s　//多线的宽度设置

输入多线比例 ＜20.00＞：

当前设置：对正 ＝ 无，比例 ＝ 20.00，样式 ＝ STANDARD

指定起点或［对正(J)/比例(S)/样式(ST)］： 250

指定下一点：　＜正交 开＞ 1240　　　//端点对象捕捉从 A 点到移动至 B 点

指定下一点或 [放弃(U)]：　300　　　//从 B 点向 C 点绘制

指定下一点或 [闭合(C)/放弃(U)]：　　//从 C 点向 D 点绘制

指定下一点或 [闭合(C)/放弃(U)]：

5.绘制电脑显示屏、电脑椅、床、衣柜等采用复制块的方法进行,这里不再论述。

 学后任务

绘制完成以下图形。

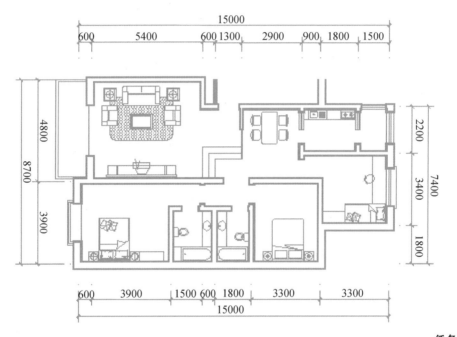

任务三

地材图的绘制

▶ **任务三　地材图的绘制** ◀

 任务描述

本部分任务是使用"图案填充"命令直接在指定区域用图案填充表示地面材料。

 知识、技能目标

掌握"图案填充"命令绘制常见地材。

知识基础

1. 地面装修

地面是建筑室内空间最基本的分隔组成元素,在室内设计中,地面的处理,包括材料的选用、结构形式、装修和装饰处理,对室内环境气氛的创造影响很大。所以在设计时,需要将其与整个室内环境气氛设计有机地结合起来。

地面装修一般使用的材料有木地板、塑料地板、水磨石、瓷砖、马赛克、缸砖、大理石、地毯以及水泥抹面等。不同的环境对地面的要求自然也不同,但是防潮、防火、隔音、保温等基本要求是一致的。

在家庭地面装修中,通常对卧室的地面使用木地板铺面,使地面具有一定的弹性和温暖感;或满铺地毯,给人的感觉更为亲切、温馨。

厨房和卫生间,通常使用大理石或防滑的地砖。这对于厨房来说最大的优点就是便于清洗,不易沾染油污。

对于客厅和餐厅,主要考虑地面的耐磨性,方便清洗及耐清洗性,一般多采用天然石材、优质地砖、木地板以及地毯等。这些材料各有优点,视居住者喜好而定。

但无论采用何种材料,其质感、肌理效果、色彩纹样等,都应与整个环境相协调。

2. 地材图的画法

地材图是用来表示地面做法的图样,包括地面使用的材料和形式(如分格、图案等)。其形成方法与平面布置图相同,所不同的是地材图不需要绘制家具,只需绘制地面所使用的材料和固定于地面的设备与设施图形。

在地材图中,需要画出地面材料的图形,并标注各种材料的名称、规格等。如作分格,则要标出分格的大小,如作图案(如用木地板或地砖拼成各种图案),则要标注尺寸,达到能够放样的程度。当图案过于复杂时需另画详图,这时应在平面图上注出详图索引符号。

当地面材料非常简单时,可以不画地材图,只需在平面布置图中找一块不被家具陈设遮挡,又能充分表示地面做法的地方,画出部分,标注出其材料规格就行了。但如果地面材料较复杂,既有多种材料,又有多变的图案和颜色时,就需要用单独的平面图形表示地面材料。

地面材料在图形中可直接使用绘图命令绘制实物的图样来表示,常用的是使用"图案填充"命令直接在指定区域填充图案表示地面材料。同一种材料可有多种表示形式,没有固定的样式,但一定要形象、真实。

本任务中地材图如图5-45所示,通过此图的绘制,大家可掌握地材图的绘制方法以及各种地面材料的表示方法和绘制技巧,如木地板、地砖、大理石等常用的地面装饰材料的图形表示。

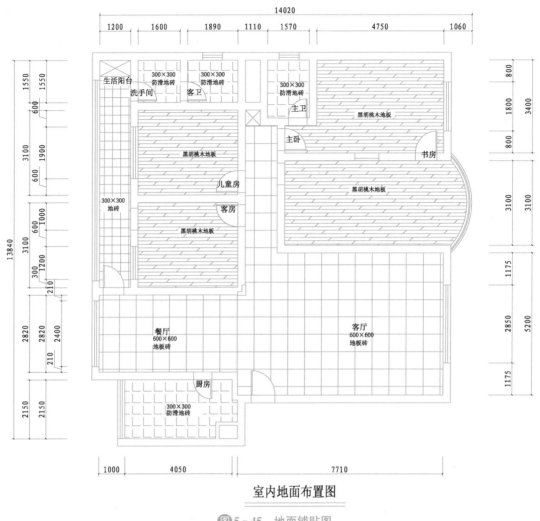

室内地面布置图

 5 – 45 地面铺贴图

任务实现

一、设置绘图环境

地材图可在平面布置图的基础上绘制,由于平面布置图中含有已绘制好的墙体,在此图中就不需重新绘制了。

首先打开平面布置图,删除与地材图无关的图形(如家具和陈设),只保留固定于地面的设备与设施。将其另存为"地面布置图"然后在此含有墙体的图形中绘制地面布置图。

具体步骤如下:

1. 按下 ▲ 选择【文件】➡【打开】命令,打开上一节绘制的"平面布置图.dwg"。

2. 选择【文件】➡【另存为】命令,弹出"图形另存为"对话框,在"文件名"文本框中输入"地面布置图",如图 5 – 46 所示。

图 5-46　另存为"地面布置图"

3. 单击【保存】按钮，保存地面布置图。

二、厨房、卫生间地面

厨房和卫生间所使用的地面材料相同，都为 300 mm×300 mm 防滑地砖，因此，可以一起绘制。

1. 填充图案

300 mm×300 mm 防滑地砖可使用"图案填充"命令进行绘制，操作方法如下：
(1) 设置"地面"图层为当前图层。
(2) 使用"图案填充"命令，打开"边界图案填充"对话框，如图 5-47 所示。

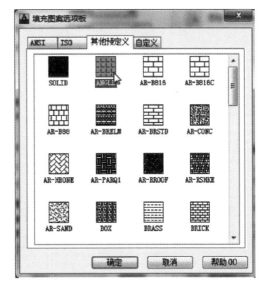

图 5-47　边界图案填充　　　　　　　图 5-48　填充图案选项板

(3) 选择"图案填充"选项卡，单击"图案"列表右侧的▣按钮，在弹出的如图 5-48 所示的"填充图案选项板"对话框中选择"其他预定义"选项卡,然后在下面的填充图案列表框中选择"ANGLE"图案("ANGLE"图案常用来表示防滑类地砖),单击【确定】按钮返回"边界图案填充"对话框。

(4) 在"边界图案填充"对话框"比例"框中设置缩放比例为 60。使其接近 300 mm×300 mm 防滑地砖的实际大小。

(5) 单击【添加:拾取点】按钮,"边界图案填充"对话框将暂时隐藏起来,同时光标变为十字形,此时在厨房空白处单击鼠标,系统将自动找出鼠标单击处的最小内部空间,并用虚线表示出来,如图 5-49 所示,虚框内即为填充区域。

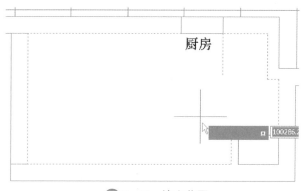

图 5-49 填充范围

(6) 单击空格键,在"边界图案填充"对话框下方单击【确定】按钮。

(7) 使用同样方法,指定主卫和客卫的填充区域,完成图案填充,如图 5-50 所示。

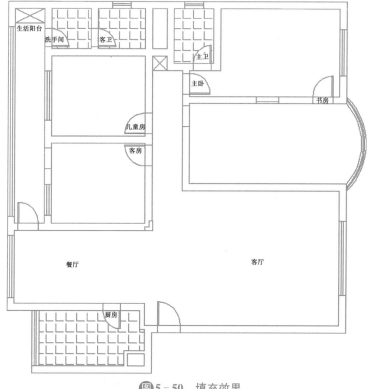

图 5-50 填充效果

2. 标注文字说明

任务三

文字遮罩

在添加图案填充之后，还需要为填充的图案注上文字说明，以说明图案所表示的材料或做法。文字标注使用"多行文字"命令，下面以厨房为例介绍其操作方法。

（1）点击**A**按钮，使用"多行文字"命令，然后指定两点确定一个矩形区域，在弹出的多行文字编辑器内输入说明文字"300×300 防滑地砖"，如图 5-51 所示，设置文字高度 200，单击【确定】按钮，如图 5-52 所示。

图 5-51　多行文字编辑器

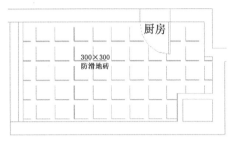

图 5-52　添加的文字效果

（2）从图 5-52 所示可以看出，添加的文字与地面材料图形重叠在一起为了看图方便，可为文字添加背景遮罩。添加文字背景遮罩的方法是在多行文字编辑器内单击鼠标右键，从弹出的快捷菜单中选择"背景遮罩"命令，如图 5-53 所示。在弹出的"背景遮罩"对话框中勾选"使用背景遮罩"复选框和"使用图形背景颜色"复选框，如图 5-54 所示。

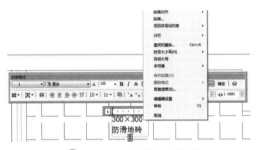

图 5-53　选择"背景遮罩"

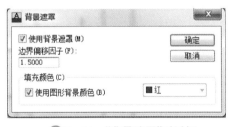

图 5-54　"背景遮罩"对话框

这样"使用图形背景颜色"复选框，可使文字背景的颜色与图形背景的颜色相同；或者单击"选择颜色"打开"选择颜色"对话框，可更换背景颜色。

"边界偏移因子"选项用于确定背景遮罩相对于文字范围所偏移的距离。该值是基于文字高度的。偏移因子 1.0 非常适合多行文字对象。偏移因子 1.5（默认值）会是背景扩展文字高度的 0.5 倍。

添加了背景遮罩的文字效果如图 5-55 所示。

图5-55 添加背景遮罩后的文字效果

三、主卧、儿童房、书房、客房地面

主卧、儿童房、书房、客房所使用的地面材料相同,都为黑胡桃实木地板,因此,可以一起绘制。

1. 填充图案

(1) 设置"地面"图层为当前图层。

(2) 使用"图案填充"命令,打开"边界图案填充"对话框,如图 5-56 所示。

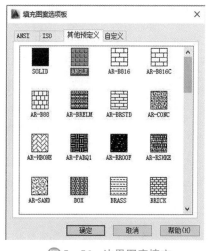

图5-56 边界图案填充

图5-57 填充图案选项板

(3)选择"图案填充"选项卡,单击"图案"列表右侧的▥按钮,在弹出的如图 5-57 所示的"填充图案选项板"对话框中选择"其他预定义"选项卡,然后在下面的填充图案列表框中选择"DOLMIT"图案("DOLMIT"图案常用来表示实木地砖),单击【确定】按钮返回"边界图案填充"对话框。

(4) 在"边界图案填充"对话框"比例"框中设置缩放比例为 20,使其接近黑胡桃木地砖的实际大小。

(5) 单击【拾取点】按钮,"边界图案填充"对话框将暂时隐藏起来,同时光标变为十字形,此时在厨房空白处单击鼠标,系统将自动找出鼠标单击处的最小内部空间,并用虚线表示出来,如图 5-58 所示,虚框内即为填充区域。主卧、书房、儿童房、客房填充方法类似。

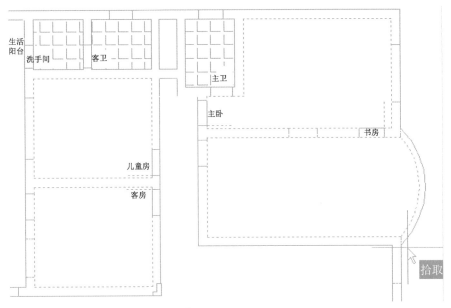

图5-58　填充范围

(6)完成图案填充,如图 5-59 所示。

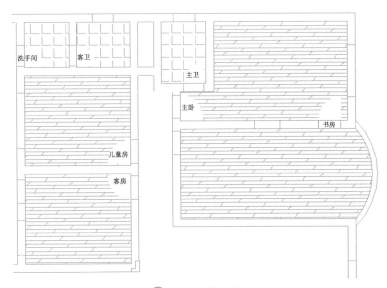

图5-59　填充效果

2.标注文字说明

(1)点击 **A** 按钮,使用"多行文字"命令,标注文字说明效果参照如图 5-55 所示。

四、客厅、餐厅地面

客厅、餐厅所使用的地面材料相同,都为 600 mm×600 mm 地板砖,因此可以一起绘制。

1. 填充图案

(1) 设置"地面"图层为当前图层。

(2) 使用"图案填充"命令,打开"边界图案填充"对话框,如图 5 - 60 所示。

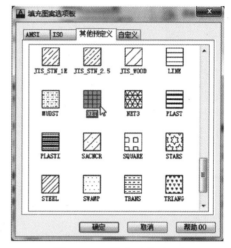

图 5 - 60　边界图案填充　　　　　　图 5 - 61　填充图案选项板

(3) 选择"图案填充"选项卡,单击"图案"列表右侧的  按钮,在弹出的"填充图案选项板"对话框中选择"其他预定义"选项卡,然后在下面的填充图案列表框中选择"NET"图案("NET"图案常用来表示地板砖),如图 5 - 61 所示单击【确定】按钮返回"边界图案填充"对话框。

(4) 在"边界图案填充"对话框"比例"框中设置缩放比例为 200。使其接近地板砖的实际大小。

(5) 单击【拾取点】按钮,"边界图案填充"对话框将暂时隐藏起来,同时光标变为十字形,此时在客厅和餐厅空白处单击鼠标,系统将自动找出鼠标单击处的最小内部空间,并用虚线表示出来,如图 5 - 62 所示,虚框内即为填充区域。

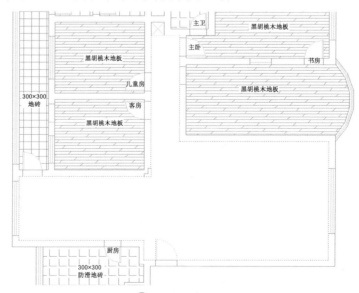

图 5 - 62　填充效果

（6）完成图案填充，如图 5 - 63 所示。

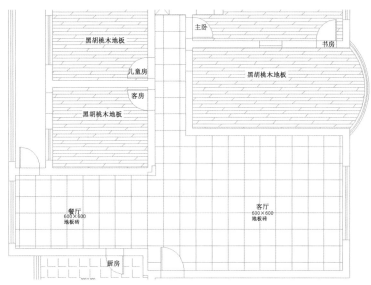

图 5 - 63　完成效果

2. 标注文字说明

（1）点击 |A| 按钮，使用"多行文字"命令，标注文字说明效果参照如图 5 - 55 所示。

五、其他地面

其他地面绘制方法与前面介绍的相同，这里就不再作介绍了，下面给出其填充参数，请大家自行完成。

生活阳台使用 300 mm×300 mm 地砖，参数如图 5 - 64 所示。

　学后任务

绘制完成以下图形。

图 5 - 64　生活阳台填充参数

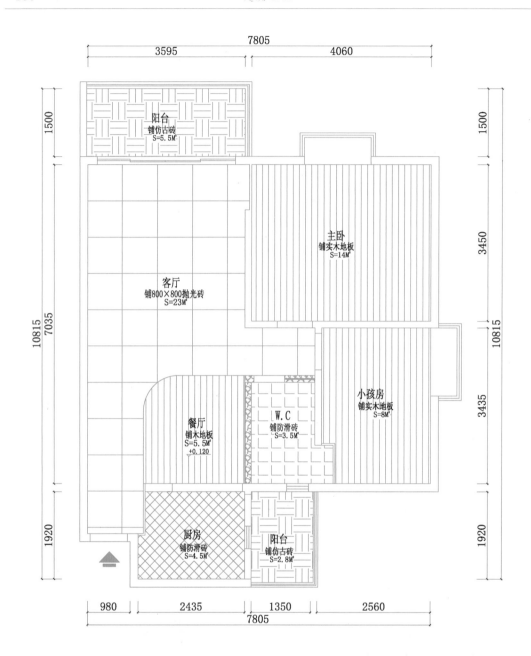

▶ 任务四　顶棚布置图的绘制 ◀

任务描述

本部分任务在平面布置图的基础上，完成顶棚图的绘制，其内容包括各种装饰图形、灯具、说明文字、尺寸和标高等，同时也能完成顶棚某处剖面详图的绘制。

知识、技能目标

能进行室内主卧、客卧、客厅、书房直接式顶棚和餐厅悬吊式顶棚的绘制。通过对此图的绘制,掌握顶棚图的绘制方法。通过对天花造型和灯具图形的绘制,进一步熟练掌握各种图形的绘制方法和技巧。

知识基础

顶棚的设计应与整个室内环境气氛设计结合起来,使之成为一个有机的整体。同时需要注意点、线、面的处理(如灯具、排气孔、横梁的处理和吊顶的处理等)。

顶棚的做法有多种,家庭室内装潢主要有直接式顶棚和悬吊式顶棚(又称吊顶)两种。

1. 直接式顶棚

直接式顶棚相对悬吊式顶棚,在形式、用材和施工上要简单得多,它是直接在混凝土顶棚上进行抹灰、镶板、喷(刷)或粘贴装饰布(纸)。因为家庭居室的高度有限,一般在卧室、书房等空间采用该种顶棚,可使室内空间显得简洁、大方。

2. 悬吊式顶棚

悬吊式顶棚又称吊顶,悬吊式顶棚是指饰面与楼板底之间留有悬挂高度做法的顶棚,这样可以利用空间高度的变化进行顶棚的立体造型和光环境的创造。一般在客厅或大面积空间中使用,以便在视觉上划分出功能空间等。

悬吊式顶棚可以综合考虑照明、通风、空调、防火等管线的布置以及外观环境的设计。为了创建简洁大方的家居环境,悬吊式顶棚大多采用简单的几何造型,有圆形、弧形、矩形等,其中以矩形居多,本例餐厅吊顶为两个半圆形、客厅吊顶为矩形、过道为弧线形悬吊式顶棚,常用的材料有纤维板、塑料板、有机玻璃板、木板、金属板、青石板、钙塑板等。

3. 顶棚设计

顶棚设计时,需要依据布置图进行,这样能上下呼应,突出整体效果。本例玄关顶棚造型与地面材料的变化相吻合,起到了上下呼应的作用;餐厅顶棚灯具,其位置应正好位于餐桌上方。对于灯具的设计,应考虑顶棚的效果和光线均匀照射等因素,灯具数量可变,但总功率不能增加。

本例主卧、客卧、客厅、书房使用直接式顶棚,餐厅使用悬吊式顶棚。厨房和卫生间采用木制网格吊架,覆以金属扣板,无造型。其他如玄关、客厅、餐厅、书房、过道则进行了详细的造型设计。

本例过道吊顶被适当压低,加强了与客厅的区别,同时烘托了客厅层高的视觉感受。

客厅顶棚,考虑到高度的问题(一般家庭居室的高度小于 3 m,顶棚离地的高度不得低于 2.2 m),未做太多造型,只是做了简单的吊顶,其与玄关吊顶在高度上呈递进关系,增强了客厅层高的视觉感受。如图 5-65 所示为本任务顶棚图形。

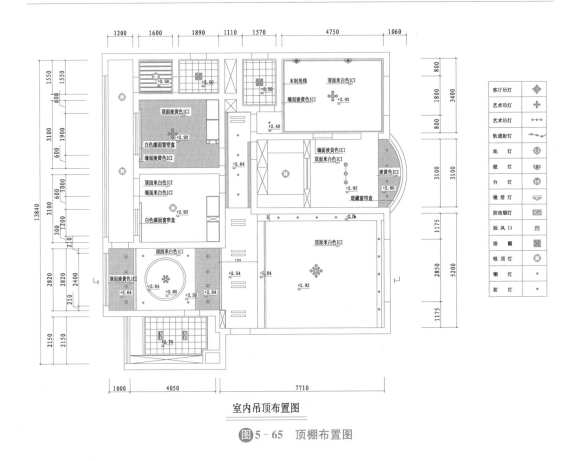

室内吊顶布置图

图 5 - 65   顶棚布置图

任务实现

一、设置绘图环境

顶棚布置图可在平面布置图的基础上绘制的,由于平面布置图中含有已绘制好的墙体,在此图中就不需要重新绘制了。

首先打开平面布置图,删除与顶棚布置图无关的图形(如家具和陈设),只保留墙体。将其另存为"顶棚布置图",然后在此含有墙体的图形中绘制顶棚布置图。

具体步骤如下:

1. 选择【文件】→【打开】命令,打开任务二绘制的"平面布置图.dwg"。

2. 选择【文件】→【另存为】命令,弹出"图形另存为"对话框,在"文件名"文本框中输入"顶棚布置图",如图 5 - 66 所示。

3. 单击【保存】按钮,保存顶棚布置图。

图 5-66　另存对话框

二、绘制客厅顶棚图

客厅顶棚图如图 5-67 所示,此图主要使用"直线"命令、"修剪"命令绘制完成,

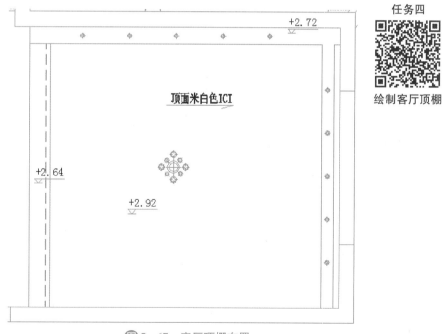

任务四

绘制客厅顶棚

+2.72

顶面米白色ICI

+2.64

+2.92

图 5-67　客厅顶棚布置

具体操作步骤如下:

1. 绘制顶棚

(1) 设置"顶棚"图层为当前图层。

（2）使用"直线"命令，绘制高度为 2640 的灯带吊顶，如图 5‐68 所示。具体步骤如下：

命令：LINE

指定第一个点：320　　　　　　　　　　//端点对象捕捉从 A 点到移动至 B 点绘制线

指定下一点或 [放弃(U)]：

指定下一点或 [放弃(U)]：

命令：COPY

指定第二个点或 [阵列(A)] ＜使用第一个点作为位移＞：400　//从 A 点复制到 C 点

指定第二个点或 [阵列(A)/退出(E)/放弃(U)] ＜退出＞：

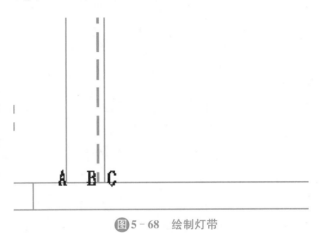

图 5‐68　绘制灯带

（3）使用"直线"命令、"修剪"命令，绘制高度为 2720 的灯带吊顶，如图 5‐69 所示。具体步骤如下：

命令：LINE

指定第一个点：320　　　　　　　　　//端点对象捕捉从 A 点到移动至 B 点绘制线

指定下一点或 [放弃(U)]：120　　　　//从 B 点到 C 点移动绘制线

指定下一点或 [放弃(U)]：

指定下一点或 [闭合(C)/放弃(U)]：

命令：　LINE

指定第一个点：200　　　　　　　　　//从 C 点到 D 移动绘制线

指定下一点或 [放弃(U)]：

指定下一点或 [放弃(U)]：

指定下一点或 [闭合(C)/放弃(U)]：

命令：_trim　　　　　　　　　　　//修剪 C 点到 D 点之间段

当前设置：投影＝UCS，边＝无

选择剪切边…

选择对象或 ＜全部选择＞：　找到 1 个

选择要修剪的对象，或按住 Shift 键选择要延伸的对象，或

[栏选(F)/窗交(C)/投影(P)/边(E)/删除(R)/放弃(U)]：

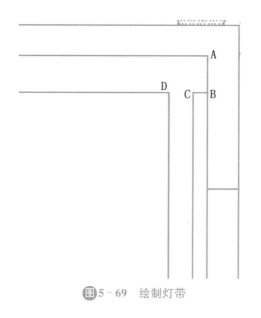

任务四

标注标高

图 5-69　绘制灯带

2. 标注标高

客厅顶棚造型绘制完成后,需要为其注上标高,以反映造型各部分吊顶的高度。标注方法标高的方法是先绘制标高符号,然后在其上加上标高数值即可。由于标高符号多处需要用到,因此,可为其加上属性,定义成图块,以便使用"插入块"命令快速调入。

(1) 使用"多段线"命令,绘制标高符号,具体步骤如下:

命令：_pline

指定起点：

当前线宽为 0.0000

指定下一个点或［圆弧(A)/半宽(H)/长度(L)/放弃(U)/宽度(W)］：@-100,-135

//从 A 点到 B 点

指定下一点或［圆弧(A)/闭合(C)/半宽(H)/长度(L)/放弃(U)/宽度(W)］：@-100,135

//从 B 点到 C 点

指定下一点或［圆弧(A)/闭合(C)/半宽(H)/长度(L)/放弃(U)/宽度(W)］：450

//从 C 点到 D 点

命令：LINE　　　　　　　　//标高下划线的绘制

指定第一个点：

指定下一点或［放弃(U)］：150 //下划线长度为 150

完成标高符号绘制,如图 5-70 所示。

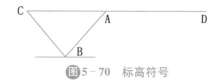

图 5-70　标高符号

接下来将绘制的标高符号创建成图块。由于标高为一个非固定值,为避免在每次插入标高符号时调用文字工具输入新的标高数值,可为图块添加块属性。块属性能使价次插入块时提示输入新的数值。

块属性的定义和块的创建方法如下:

(2)调用"属性定义"命令定义块属性,在命令窗口中输入"ATTDEF"并按回车键,打开"属性定义"对话框,如图 5-71 所示。

图 5-71 "属性定义"对话框

(3)在对话框的"标记"文本框中输入一个数值(或其他任何字符),用来指示标高数值的位置;在"提示"文本框中输入插入块时命令窗口所出现的提示,如"输入标高数值:"。在"值"文本框中输入默认的标高数值+2.74(也可为其他值);其他参数参照如图 5-72 所示设置。

图 5-72 定位标高值

(4)单击【确定】按钮,在标高符号之上单击一点确定标高值位置,如图 5-72 所示。

下面调用"块定义"命令,将标高符号与块属性定义成图块。

(5)在命令窗口中输入"BLOCK"并按回车键,弹出"块定义"对话框。单击(选择对象)按钮,选择刚才定义的块属性和标高符号,如图 5-73 所示,单击鼠标右键返回对话框。

图 5-73 选择图形   图 5-74 指定插入点

(6)单击(拾取拾入基点)按钮,在图形窗口中单击如图 5-74 所示端点作为图块的插入点。单击鼠标右键返回对话框。

（7）在"名称"文本框中，输入图块名称"标高"；在"对象"选项组中，选择"转换为块"选项，如图 5 - 75 所示。

图 5 - 75　"块定义"对话框　　　　　　　　图 5 - 76　"编辑属性"对话框

（8）单击【确定】按钮，关闭"块定义"对话框。系统弹出"编辑属性"对话框，如图 5 - 76 所示。在"输入标高数值"文本框中输入客厅顶棚的标高数值"＋2.74"，单击"确定"按钮关闭对话框，如图 5 - 74 中的标高数值"＋2.74"将变为"＋2.76"。

（9）使用"移动"命令，移动标高至如图 5 - 77 所示位置。

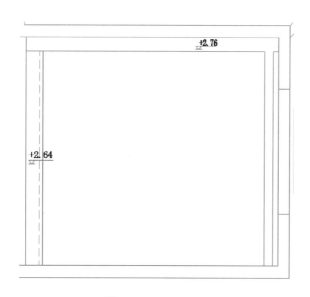

图 5 - 77　绘制的标高

（10）使用"复制""粘贴"命令，参照如图 5 - 67 所示，复制灯具到图 5 - 67 所示位置。完成效果如图 5 - 78 所示。

具体步骤如下：

命令：指定对角点或［栏选(F)/圈围(WP)/圈交(CP)］：　　//从图库中选中要复制的图形

命令：_copyclip 找到 98 个

命令：_pasteclip 忽略块 _DOTSMALL 的重复定义

指定插入点：　　　　　　　　　　　　　　　　　　　//在要使用的图形中粘贴

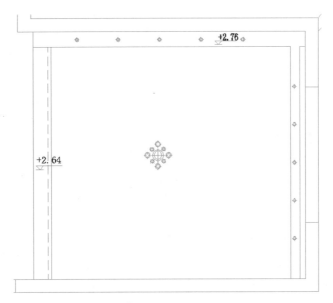

图 5‑78　完成效果

三、绘制餐厅顶棚图

餐厅顶棚造型及尺寸如图 5‑79 所示。此造型有两个长方形、一个正方形和一个圆形组成,主要使用"圆""直线""移动""偏移""矩形"等命令绘制完成。

任务四

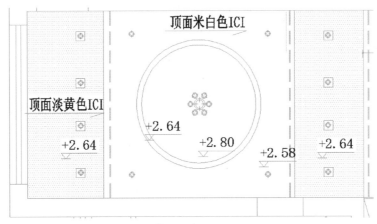

图 5‑79　餐厅顶棚造型

绘制餐厅顶棚

1. 绘制两个长方形

(1) 设置"顶棚"图层为当前图层。

(2) 使用"矩形""复制"命令,参照如图 5‑79 所示,绘制完成如图 5‑80 所示。具体步骤如下:

命令:_rectang　　//使用矩形命令绘制 A 侧矩形
指定第一个角点或 [倒角(C)/标高(E)/圆角(F)/厚度(T)/宽度(W)]:
指定另一个角点或 [面积(A)/尺寸(D)/旋转(R)]:@1200,2820

命令：COPY　　　　//使用复制命令从 A 复制到 B

选择对象：找到 1 个

当前设置：　复制模式 ＝ 多个

指定基点或 [位移(D)/模式(O)] <位移>：

指定第二个点或 [阵列(A)] <使用第一个点作为位移>：

指定第二个点或 [阵列(A)/退出(E)/放弃(U)] <退出>：

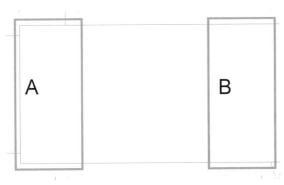

图 5-80　绘制顶棚

(3) 使用"直线"命令，完成绘制线灯如图 5-81 所示，具体步骤如下：

命令：LINE　　　　　　　　　　　　//A 侧线灯绘制

指定第一个点：98

指定下一点或 [放弃(U)]：

指定下一点或 [放弃(U)]：

命令：LINE　　　　　　　　　　　　//B 侧线灯绘制

指定第一个点：98

指定下一点或 [放弃(U)]：

指定下一点或 [放弃(U)]：

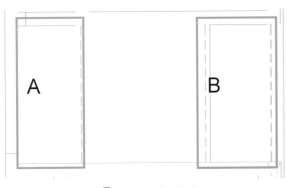

图 5-81　绘制线灯

(4) 使用"图案填充"命令，选择"IS007W100"图案，比例设为 10。绘制完成两侧顶棚板，如图 5-82 所示。具体步骤如下：

命令：_hatch

//使用填充命令填充 A 框、B 框内图案

拾取内部点或 [选择对象(S)/删除边界(B)]： 正在选择所有对象…

正在选择所有可见对象…

正在分析所选数据…

正在分析内部孤岛…

拾取内部点或 [选择对象(S)/删除边界(B)]：

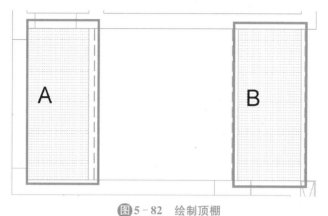

图 5-82 绘制顶棚

(5) 使用"圆""偏移"命令,绘制完成中间同心圆部分。中间圆半径为 890,偏移值为 100,如图 5-83 所示。具体步骤如下：

命令：_circle

指定圆的圆心或 [三点(3P)/两点(2P)/切点.切点.半径(T)]：

指定圆的半径或 [直径(D)] <890.0000>：890

命令：_offset

当前设置：删除源=否 图层=源 OFFSETGAPTYPE=0

指定偏移距离或 [通过(T)/删除(E)/图层(L)] <通过>： 指定第二点：

选择要偏移的对象,或 [退出(E)/放弃(U)] <退出>：

指定要偏移的那一侧上的点,或 [退出(E)/多个(M)/放弃(U)] <退出>：100

选择要偏移的对象,或 [退出(E)/放弃(U)] <退出>：

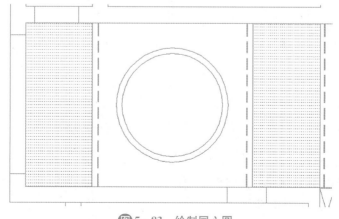

图 5-83 绘制同心圆

（6）使用"复制""粘贴"命令，参照如图 5-78 所示，复制灯具到图 5-78 所示位置，完成效果如图 5-84 所示。

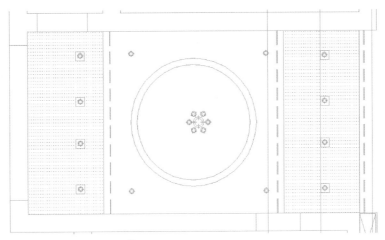

图 5-84　复制灯具完成效果

具体步骤如下：

命令：指定对角点或［栏选(F)/圈围(WP)/圈交(CP)］：　　//从图库中选中要复制的图形
命令：_copyclip 找到 122 个
命令：_pasteclip 忽略块 _DOTSMALL 的重复定义
指定插入点：　　　　　　　　　　　　　　　　//在要使用的图形中粘贴

餐厅顶棚造型绘制完后，高度标注参考客厅绘制图完成。完成效果如图 5-78 所示。

四、绘制过道顶棚图

过道顶棚图如图 5-85 所示，其造型与多个矩形递进，内暗藏灯带，主要使用"矩形""移动""复制"等命令绘制完成。

任务四

绘制过道顶棚

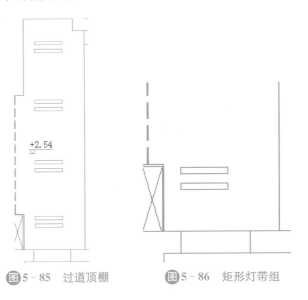

+2.54

图 5-85　过道顶棚　　　图 5-86　矩形灯带组

1. 绘制矩形灯带

（1）设置"顶棚"图层为当前图层。

（2）使用"矩形"命令绘制一组灯带，参照图 5-85 所示，绘制完成如图 5-86 所示。具体步骤如下：

命令：_rectang　　　　　//使用矩形命令绘制灯带

指定第一个角点或［倒角(C)/标高(E)/圆角(F)/厚度(T)/宽度(W)］：

指定另一个角点或［面积(A)/尺寸(D)/旋转(R)］：@600,80

命令：COPY

选择对象：指定对角点：找到 1 个

指定基点或［位移(D)/模式(O)］＜位移＞：

指定第二个点或［阵列(A)］＜使用第一个点作为位移＞：200

　　　　　　　　//复制两个矩形之间距离为 200

指定第二个点或［阵列(A)/退出(E)/放弃(U)］＜退出＞：

（3）使用"复制"命令，并连续复制，参照图 5-85 所示，绘制完成如图 5-87 所示。

具体步骤如下：

命令：COPY　　　　　　//使用复制工具复制

灯带组

选择对象：指定对角点：找到 2 个

指定基点或［位移(D)/模式(O)］＜位移＞：

指定第二个点或［阵列(A)］＜使用第一个点作为位移＞：1300

　　　　　　　//复制距离分别为 1300

指定第二个点或［阵列(A)/退出(E)/放弃(U)］

＜退出＞：

2. 高度标注

过道顶棚造型绘制完后，高度标注参考客厅绘制图完成。完成效果如图 5-85 所示。

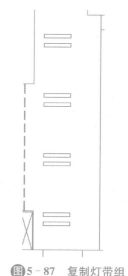

图 5-87　复制灯带组

五、绘制无造型顶棚

本例无造型的悬吊式顶棚有厨房、主卫、客卫、洗手间。全部采用木制网格吊架，直接覆以金属扣板，在图形中使用"NET"填充图案表示，下面以厨房为例介绍其绘制方法。

使用"图案填充"命令绘制金属扣板图形，参数设置如图 5-88 所示。填充图案后的厨房顶棚效果图如图 5-89 所示。用同样的方法完成主卫、客卫、洗手间顶棚的绘制，效果参见图 5-65 所示。

任务四

绘制顶棚

（主卫、厨房）

图5-88 "边界图案填充"对话框

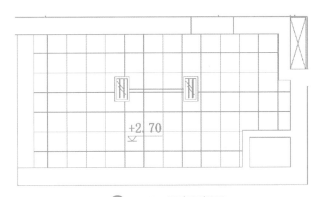

图5-89 厨房顶棚图

六、绘制直接式型顶棚

直接式顶棚是指直接在屋面板、楼板等的底面,进行喷浆、抹灰、粘贴壁纸和贴面砖等饰面材料,或铺设固定格栅所做成的顶棚。本户型主卧、儿童房、书房使用了该顶棚类型。

本例的直接式顶棚设计比较简单,只是对阴角进行了嵌入阴角线条处理。画图时,只需画出阴角线条图形即可。下面以主卧为例介绍其画法。

(1)使用"矩形"命令,绘制顶棚边界线如图5-90所示。

图 5 - 90　顶棚边界绘制

（2）使用"偏移"命令，将刚才绘制的边线向内偏移 50，具体步骤如下：

命令：_offset

当前设置：删除源＝否　图层＝源　OFFSETGAPTYPE＝0

指定偏移距离或［通过(T)/删除(E)/图层(L)］＜通过＞：　指定第二点：50

选择要偏移的对象，或［退出(E)/放弃(U)］＜退出＞：

指定要偏移的那一侧上的点，或［退出(E)/多个(M)/放弃(U)］＜退出＞：

选择要偏移的对象，或［退出(E)/放弃(U)］＜退出＞：

（3）使用"复制""粘贴"命令，参照图 5 - 65 所示，复制灯具到图5 - 90所示位置，完成效果如图 5 - 91 所示。

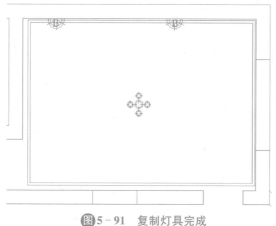

图 5 - 91　复制灯具完成

（4）高度标注参考客厅绘制图完成，完成效果如图 5 - 78 所示。

（5）应用上述方法，完成儿童房、书房顶棚绘制，效果参见图 5 - 65 所示。

 学后任务

绘制完成以下图形。

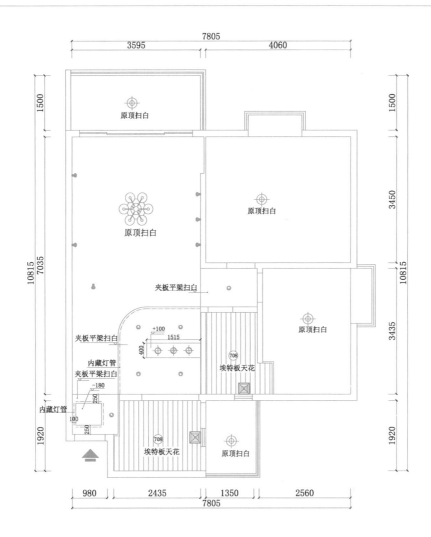

任务五　主要空间立面图的绘制

任务描述

本部分任务以绘制客厅C立面、餐厅C立面为例,介绍室内空间立面图的画法与相关规则。

知识、技能目标

通过对电视墙及餐厅装饰墙的绘制,掌握造型的立面表现手法。

知识基础

立面图是一种与垂直界面平行的正投影图,它能够反映室内主要装饰垂直方向上的形状、装修做法和其上的陈设，是一种很重要的图样，例如电视背景墙等主装饰墙体。

本任务以绘制客厅 C 立面、餐厅 C 立面为例，介绍立面图的画法与相关规则。

电视墙是室内施工的重要组成部分，同时也是室内装饰的重点之一，它能直观反映室内的装饰风格和效果。餐厅是日常生活中一家人聚在一起最多的地方，简单实用最重要。本例客厅 C 立面图，即电视背景墙和餐厅 C 立面图如图 5-92 所示。本任务通过对电视墙及餐厅装饰墙的绘制，可使大家了解并掌握造型的立面表现手法。

任务五

绘制立面（立面、吊顶）

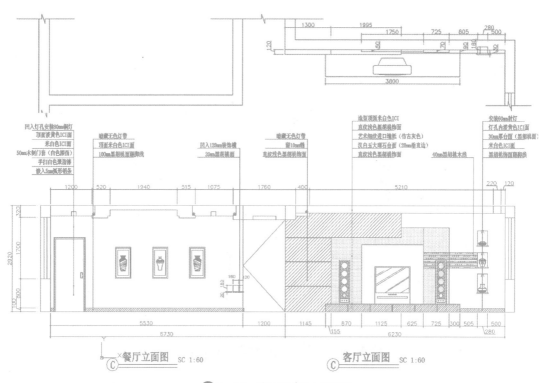

图 5-92　客厅及餐厅立面图

 任务实现

1. 创建图形

（1）按下▲选择【新建】→【图形】命令，或者快捷键<Ctrl>＋<N>，打开"选择样板"对话框，在对话框中选择 acad 样板，如图 5-93 所示。单击 打开(Q) ▼按钮，新建一个图形文件。

（2）单击"样式"工具栏▲（文字样式）按钮，打开"文字样式"对话框，设置"文字标注"样式文字高度为 80，如图 5-94 所示。

图5-93　选择图形文件　　　　　　　　图5-94　"文字样式"对话框

（3）单击标注工具栏 （标注样式）按钮，打开"标注样式管理器"对话框，创建新样式"立面图"，并设置标注参数如图5-95和图5-96所示。

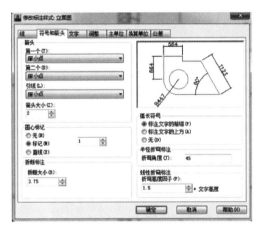

图5-95　设置标注样式　　　　　　　　图5-96　设置标注样式

（4）选择【文件】→【保存】命令，在"文件名"文本框中输入文件名"客厅及餐厅立面图"，单击【保存】按钮。

2. 绘制立面轮廓

（1）设置"墙体"图层为当前图层。

（2）使用"多线""修剪""直线"等命令，绘制客厅及餐厅C立面图在平面图中的部分，如图5-97所示。

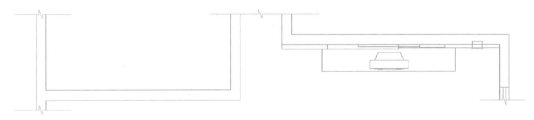

图5-97　客厅及餐厅平面图

(3) 使用"矩形"命令,绘制 13 520 mm×2 920 mm 的矩形,如图 5-98 所示。具体步骤如下:

命令:RECTANG

指定第一个角点或 [倒角(C)/标高(E)/圆角(F)/厚度(T)/宽度(W)]:

指定另一个角点或 [面积(A)/尺寸(D)/旋转(R)]:@13520,2920

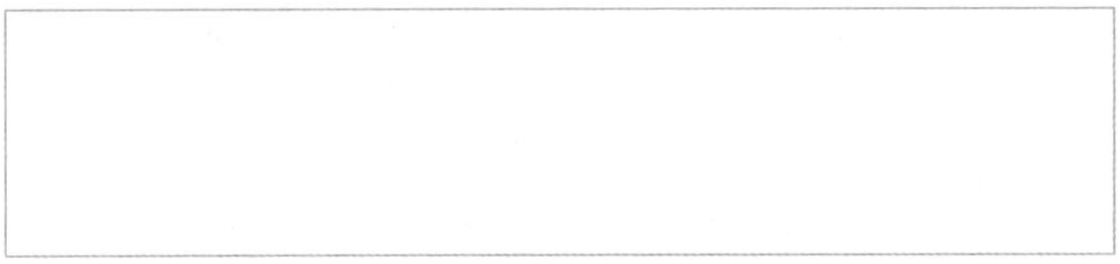

图 5-98 绘制矩形

(4) 使用"直线""复制"命令,绘制立面图中墙体,如图 5-99 所示。具体步骤如下:

命令:LINE

指定第一个点:280　　　　　　　//端点对象捕捉从 A 点到移动至 B 点绘制线

指定下一点或 [放弃(U)]:<正交 开> 2920

　　　　　　　　　　　　　　　//从 B 点绘制线到 C 点距离为 2920

指定下一点或 [放弃(U)]:

命令:COPY　　　　　　　　//从线段 1 复制到线段 2

选择对象:找到 1 个

指定第二个点或 [阵列(A)]<使用第一个点作为位移>:5530

指定第二个点或 [阵列(A)/退出(E)/放弃(U)]<退出>:

命令: COPY　　　　　　　　//从线段 2 复制到线段 3 距离为 1200

选择对象:找到 1 个

指定第二个点或 [阵列(A)]<使用第一个点作为位移>:1200

指定第二个点或 [阵列(A)/退出(E)/放弃(U)]<退出>:

命令: COPY　　　　　　　　//从线段 3 复制到线段 4 距离为 6230

选择对象:找到 1 个

指定第二个点或 [阵列(A)]<使用第一个点作为位移>:6230

指定第二个点或 [阵列(A)/退出(E)/放弃(U)]<退出>:

命令:LINE

指定第一个点: <正交 开> 900

　　　　　　　　　　　//端点对象捕捉从 A 点到移动至 D 点绘制线输入 900

指定下一点或 [放弃(U)]:280　//从 D 点绘制线到 F 点输入 280

指定下一点或 [放弃(U)]:

命令:COPY　　　　　　　　//使用复制命令复制线 5 到 6 输入 1700

选择对象:找到 2 个

指定基点或 [位移(D)/模式(O)]<位移>:

指定第二个点或 [阵列(A)]<使用第一个点作为位移>:1700

指定第二个点或 [阵列(A)/退出(E)/放弃(U)]<退出>:

命令:COPY

//使用复制命令复制线5和线6到线段7线段8位置如图5-99

选择对象：找到2个

指定基点或［位移(D)/模式(O)］＜位移＞：

指定第二个点或［阵列(A)］＜使用第一个点作为位移＞：

指定第二个点或［阵列(A)/退出(E)/放弃(U)］＜退出＞：

图5-99　绘制墙体

3. 绘制门窗

(1) 设置"门窗"图层为当前图层。

(2) 使用"多线"命令，绘制立面窗。如图5-100所示。具体步骤如下：

命令：MLINE

当前设置：对正 ＝ 无，比例 ＝ 20.00，样式 ＝ STANDARD

指定起点或［对正(J)/比例(S)/样式(ST)］：j　　　　//多线在中轴线上的位置

输入对正类型［上(T)/无(Z)/下(B)］＜无＞：z　　//中轴线在多线的中间

当前设置：对正 ＝ 无，比例 ＝ 20.00，样式 ＝ STANDARD

指定起点或［对正(J)/比例(S)/样式(ST)］：s　　　　//多线的宽度设置

输入多线比例 ＜20.00＞：80

当前设置：对正 ＝ 无，比例 ＝ 80.00，样式 ＝ STANDARD

指定起点或［对正(J)/比例(S)/样式(ST)］：

指定下一点：　//参考图5-99，从线段5的中点位置向线段6中点绘制多线

指定下一点或［放弃(U)］：

命令：MLINE

当前设置：对正 ＝ 无，比例 ＝ 80.00，样式 ＝ STANDARD

指定起点或［对正(J)/比例(S)/样式(ST)］：

指定下一点：　//参考图5-99，从线段7的中点位置向线段8中点绘制多线

指定下一点或［放弃(U)］：

图5-100　绘制立面窗

(4) 使用"多线"命令，绘制立面门。如图5-101所示。具体步骤如下：

命令：MLINE

当前设置：对正 ＝ 无,比例 ＝ 20.00,样式 ＝ 03

指定起点或 ［对正(J)/比例(S)/样式(ST)］： j   //多线在中轴线上的位置

输入对正类型 ［上(T)/无(Z)/下(B)］＜无＞： z   //中轴线在多线的中间

当前设置：对正 ＝ 无,比例 ＝ 20.00,样式 ＝ 03

指定起点或 ［对正(J)/比例(S)/样式(ST)］： s   //多线的宽度设置

输入多线比例 ＜20.00＞： 40

当前设置：对正 ＝ 无,比例 ＝ 40.00,样式 ＝ 03

指定起点或 ［对正(J)/比例(S)/样式(ST)］：

指定下一点： 2000 //从 A 点向 B 点绘制多线距离为 2000,此线表示门的高度

指定下一点或 ［放弃(U)］： 900

               //从 B 点向 C 点绘制多线距离为 900,此线表示门框宽度

指定下一点或 ［闭合(C)/放弃(U)］： 2000

               //从 C 点向 D 点绘制多线距离为 2000,此线表示门的高度

指定下一点或 ［闭合(C)/放弃(U)］：

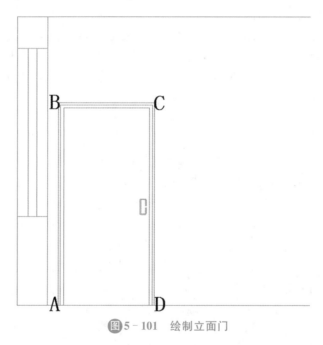

图 5‑101   绘制立面门

4. 绘制顶棚立面图

(1) 设置"顶棚"图层为当前图层。

(2) 使用"直线""多段线""修剪"等命令,绘制顶棚立面图如图 5‑102 所示。

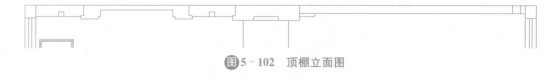

图 5‑102   顶棚立面图

5.绘制立面家具图

（1）设置"家具"图层为当前图层。

（2）使用"直线""多段线""矩形"等命令，绘制电视背景墙如图 5-103 所示。

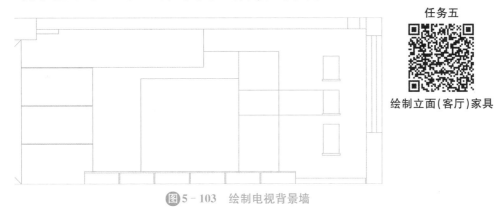

任务五

绘制立面(客厅)家具

图 5-103　绘制电视背景墙

（3）使用"复制""粘贴"命令，参照图 5-92 所示，复制家具到图 5-103 所示位置，完成效果如图 5-104 所示。

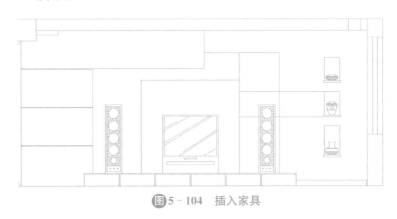

图 5-104　插入家具

（4）使用"图案填充"命令，填充图案为"DOTS.JIS_WOOD"等，绘制完成效果如图 5-105 所示。

任务五

绘制立面
(客厅图案填充)

图 5-105　填充图案完成效果

（5）使用"直线""多段线""矩形"等命令，绘制餐厅立面，如图 5-106 所示。

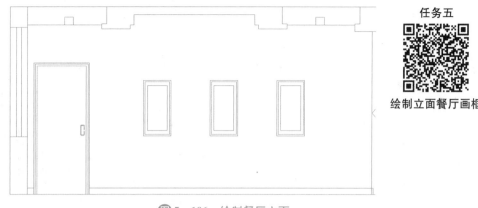

图5‑106   绘制餐厅立面

（6）使用"图案填充"命令，填充图案为"JIS_WOOD"，绘制完成效果如图5‑107所示。

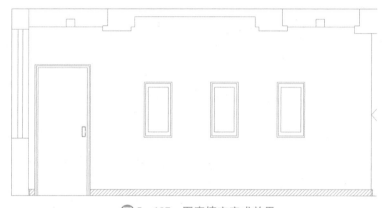

图5‑107   图案填充完成效果

（7）使用"复制""粘贴"命令，参照图5‑92所示，复制花瓶到图5‑107所示位置，完成效果如图5‑108所示。

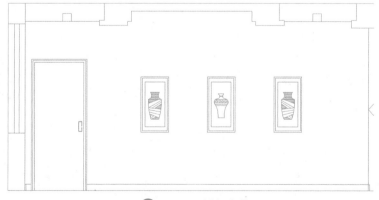

图5‑108   插入家具

6. 添加标注、图名

这里添加的标注为尺寸标注和文字标注，其中尺寸标注使用"立面图"标注样式，文字标注使用"文字标注"样式。

尺寸标注的方法与顶棚平面图的尺寸标注相同,大家可自行完成。下面介绍文字标注的方法:

（1）设置"文字"图层为当前图层。

（2）使用"多重引线"命令,绘制线段表示。如图 5 - 109 所示。

命令：_mleader

指定引线箭头的位置或［引线基线优先(L)/内容优先(C)/选项(O)］＜选项＞：

指定引线基线的位置：

（3）应用同样的方法,完成其他文字标注,标注完成后为立面图添加图名"客厅立面图、餐厅立面图",最终效果如图 5 - 92 所示。

任务五

绘制多重引线

图 5 - 109　绘制引线

学后任务

绘制完成以下图形。

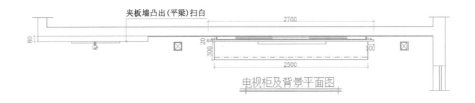

电视柜及背景立面图

电视柜及背景平面图

项目六 天正建筑软件的基本应用

学习目标
  ☆ 了解天正建筑软件界面、主要功能及屏幕菜单的使用。
  ☆ 了解利用天正建筑软件进行建筑设计的工作流程。
  ☆ 熟悉掌握天正建筑软件菜单和工作集的作用。
  ☆ 掌握天正建筑软件的基本操作。
具体任务
  使用天正软件进行建筑平面图的绘制。

天正系列软件是由北京天正工程软件公司开发的一整套工程制图的软件。天正系列软件全部是在 AutoCAD 平台下二次开发的。从 1994 年开始,北京天正工程软件公司就在 AutoCAD 图形平台上开发了一系列建筑、结构、给排水、暖通、电气等专业制图软件,在这些软件中,天正建筑软件应用最为广泛。近十年来,天正建筑软件版本不断推陈出新,深受中国建筑设计界的推崇。在中国的建筑设计领域,天正建筑软件已成为通用的设计制图软件。

由于天正建筑制图软件是在 AutoCAD 平台下二次开发的,与 AutoCAD 软件有着基本一致的界面、命令,天正建筑制图软件在绘制建筑施工图,特别是绘制建筑平面图、立面图和剖面图以及尺寸、符号标注方面比 AutoCAD 软件相比有着极高的效率,所以在学习 AutoCAD 建筑制图的基础上进一步学习天正建筑制图软件是十分必要的。

天正建筑软件目前有多种版本,本书将介绍天正建筑的安装和使用。

▶ 任务一 天正建筑软件通用工具命令 ◀

任务描述

本部分任务是在了解 AutoCAD 操作的基础上,让学生学会天正建筑软件的安装、通用工具的使用。

知识、技能目标

了解天正建筑软件的特点,掌握天正建筑软件的通用工具命令。

知识基础

1. 安装天正建筑

天正建筑软件是在 AutoCAD 平台下二次开发的,安装天正建筑软件,需要预装 AutoCAD 软件。

首先需要在计算机中安装 AutoCAD,安装完成 AutoCAD 后方可安装天正建筑 2014 版。天正建筑的安装较易,此处不展开讲述。在 Windows 下双击天正建筑 2014 版软件包中的 Setup.exe 文件,根据安装向导程序的屏幕提示就能够完成安装,安装完成后会在桌面上生成快捷图标。

2. 天正建筑界面与命令

完成安装后可进入天正建筑绘图界面,如图 6-1 所示。由图 6-1 可知,天正建筑界面与 AutoCAD 的界面组成基本相同。由于天正建筑是运行在 AutoCAD 之下的,所以天正建筑的界面只是在 AutoCAD 的基础上增加了一些专门绘制建筑图形的命令,这些命令显示在屏幕左侧的屏幕菜单中。在增加的天正菜单中,包含着轴线柱网、墙体、门窗、房间屋顶等一级菜单(图 6-2),在每个一级菜单中还包含有若干个二级菜单,如轴线柱网菜单中包含直线轴网、弧线轴网、墙生轴网等二级菜单,有的二级菜单还包含有三级菜单。单击相应菜单即可进入对应的命令。

图 6-1 天正建筑界面

图 6-2 天正工具栏

除了使用屏幕菜单中的工具按钮调用命令的方法外,天正建筑还可以通过在命令行输入命令的方式进行人机对话。为了符合中国人的使用习惯,天正建筑的命令名称都是使用其中文名称的每一个汉字拼音的第一个字母来表示的。例如,要调入“门窗”命令,可以在命令行输入“mc”,系统就会进入绘制门窗状态。

如果对天正建筑命令的使用功能不太熟悉,可以将鼠标移到天正某一命令按钮上,这时在屏幕最下方就会显示该命令的功能简介以及该命令的简称。例如将鼠标指针指向门窗按钮,屏幕最下方就会显示"在墙上插入各种门窗:MC"。

在天正建筑软件屏幕菜单中"帮助"选项中可以得到天正建筑的在线帮助、教学演示、常见问题等内容。

3. 天正建筑与 AutoCAD 的异同

(1) 兼容性

天正建筑是在 AutoCAD 平台下经过二次开发的软件,一般情况下天正建筑软件与 AutoCAD 有较好的兼容性。二者绘制的文件均为 dwg 格式,但是使用 AutoCAD 打开天正建筑绘制的文件可能会出现显示不全的现象,天正建筑软件则可以完全兼容 AutoCAD 绘制的文件。

(2) 差异性

天正建筑与 AutoCAD 的差异在于:天正建筑是针对建筑制图开发的,而 AutoCAD 则是通用设计软件,广泛应用于各个设计领域。所以说天正建筑软件具有更强的专业性,使用它绘制建筑图更加方便、快捷,但是 AutoCAD 是天正建筑的基础与核心,要想更好地学习天正建筑软件,学习 AutoCAD 是必不可少的。

(3) 命令的异同

天正建筑除了特有建筑制图命令菜单以外,其余菜单命令、快捷命令与 AutoCAD 完全一致。因此,完成了 AutoCAD 的学习后再来学习天正建筑软件是没有任何障碍的。

 任务实现

天正建筑在【工具】菜单中提供了一些通用工具命令,这些命令与 AutoCAD 命令类似,但比 AutoCAD 的命令功能有所增强。点击天正主菜单下【工具】按钮打开【工具】菜单,其中提供了"自由复制""连接线段""图形裁剪""道路绘制"等多个实用命令。这些命令操作起来非常便捷,更加适用于建筑制图。

1. 自由复制

【自由复制】命令用于动态连续的复制对象。对 AutoCAD 对象与天正建筑对象均起作用,能在复制对象之前对其进行旋转、镜像、改插入点等灵活处理,而且默认为多重复制,比 AutoCAD 的"复制"命令功能强大。

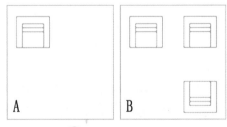

图 6-3 自由复制

例如将如图 6-3A 所示沙发复制出另外两个沙发,完成效果如图 6-3B 所示。

单击【自由复制】按钮,命令行提示为:

请选择要拷贝的对象: 选中 A 图中沙发

点取位置或{转 90 度[A]/左右翻[S]/上下翻[D]/对齐[F]/改转角[R]/改基点[T]}<退出>:向右移动鼠标单击,插入一个沙发

点取位置或{转 90 度[A]/左右翻[S]/上下翻[D]/对齐[F]/改转角[R]/改基点[T]}<退出>:向下一定鼠标输入 d 同时点击鼠标,插入另外一个沙发

点取位置或{转 90 度[A]/左右翻[S]/上下翻[D]/对齐[F]/改转角[R]/改基点[T]}

＜退出＞：

2. 自由移动

"自由移动"命令用于动态地进行移动、旋转和镜像。该命令对 AutoCAD 图形与天正建筑图形均起作用，能在移动对象就位前使用键盘先行对其进行旋转、镜像、改插入点等灵活处理。

单击"自由移动"按钮，命令行提示为：

请选择要移动的对象：选取要移动的对象

点取位置或 {转 90 度[A]/左右翻转[S]/上下翻转[D]/改转角[R]/改基点[T]}＜退出＞：点取位置或输入相应字母进行其他操作

"自由移动"与"自由复制"使用方法类似，但不生成新的对象。

3. 移位

【移位】命令用于按照指定方向精确移动图形对象的位置，可提高移动效率。

单击【移位】按钮，命令行提示为：

请选择要移动的对象：选择要移动的对象，回车结束

请输入位移(x、y、z)或 {横移[X]/纵移[Y]/竖移[Z]}＜退出＞：

如果用户仅仅需要改变对象的某个坐标方向的尺寸，无须直接键入位移矢量，此时可输入 X 或 Y、Z 选项，指出要移位的方向，比如键入"X"，进行横向移动，命令行继续提示：

横移＜0＞：//在此输入移动长度或在屏幕中指定，注意正值表示右移，负值左移

则完成指定的精确位移。

4. 自由粘贴

"自由粘贴"命令用于粘贴已经复制在剪裁板上的图形，可以动态调整待粘贴的图形。该命令对 AutoCAD 图形与天正建筑对象均起作用，能在粘贴对象之前对其进行旋转、镜像、改插入点等灵活处理。

单击【自由粘贴】按钮，命令行提示为：

点取位置或 {转 90 度[A]/左右翻[S]/上下翻[D]/对齐[F]/改转角[R]/改基点[T]}＜退出＞：//点取位置或者输入相应字母进行各种粘贴前的处理

可将图形对象贴入图形中的指定点。

此命令基于粘贴板的复制和粘贴，主要是为了在多个文档或者在 AutoCAD 与其他应用程序之间交换数据而设立的。

5. 线变复线

"线变复线"命令用于将若干段彼此衔接的线(Line)、弧(Arc)、多段线(Pline)连接成整段的多段线。

单击【线变复线】按钮，命令行提示为：

请选择要连接成 POLYLINE 的 LINE(线)和 ARC(弧)＜退出＞：//选择要连接的图线

选择对象：//回车结束选择

则将所选择线连接为多段线。

6. 多段线编辑

多段线的应用在天正建筑中十分普遍,天正建筑中许多功能都要通过多段线实现,如各种轮廓、轨迹、基线等,有了多段线的编辑命令,就可以获得更丰富的造型手段。如图 6-4 所示,菜单中有四个多段线编辑的命令。

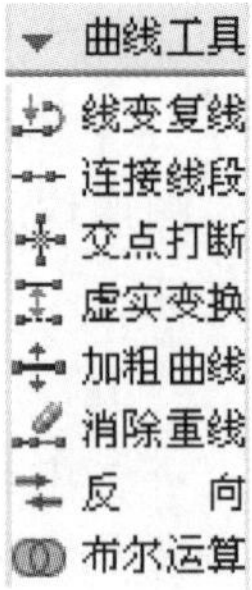

（1）反向

"反向"命令可以对多段线的方向进行逆转。

单击【反向】按钮,命令行提示为:

选择要反转的 pline:选择多段线

pline 现在变为逆时针!

图 6-4　曲线工具

多段线经常被用于表示路径或断面,因此线的生成方向影响到路径曲面的正确生成,本功能用于改变多段线线方向,即顶点的顺序,而不必重新绘制。

（2）并集

"并集"命令用于对两段相交的封闭多段线做并集运算,运算的结果将合称为一条多段线。

单击【并集】按钮,命令行提示为:

选择第一根封闭的多段线：选择第一根

选择第二根封闭的多段线：选择第二根

系统对选择的两个多段线区域进行指定的布尔运算,运算结果也是封闭的多段线。如图 6-5 所示。

图 6-5　并集

（3）差集

"差集"命令用于对两段相交的封闭多段线做差集运算,运算的结果仍然产生一条多段线。读者注意,差集、命令有点选顺序区别。

该命令的使用方式与"并集"相同。

差集运算结果如图 6-6 所示。

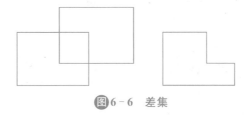

图 6-6　差集

（4）交集

"交集"命令用于对两段相交的封闭多段线做交集运算,运算的结果仍然产生一条多段线。

该命令的使用方式与"并集"相同。

交集运算结果如图 6-7 所示。

图6-7　交集

7. 连接线段

"连接线段"命令用于连接位于同一条直线上的两条线段或弧。

单击【连接线段】按钮,命令行提示为:

请拾取第一根 LINE(线)或 ARC(弧)＜退出＞:∥点取第一根直线或弧

再拾取第二根 LINE(线)或 ARC(弧)进行连接＜退出＞:∥点取第二根直线或弧

如果两根线位于同一直线上,或两根弧线同圆心和半径,或直线与圆弧有交点,便将它们连接起来。

8. 交点打断

"交点打断"命令用于打断相交的直线或弧(包括多线段),前提是相交的线或弧位于同一平面上。

单击【交点打断】按钮,命令行提示为:

请点取要打断的交点＜退出＞:∥点取线或弧的交点

交点中的线段被打断,通过该点的线或弧变成为两段,如果相交线段是直线,可以一次打断多根线段,如果是多段线每次只能打断其中一根线。

9. 虚实变换

"虚实变换"命令使对象(包括图块)中的线型在虚线与实线之间进行切换(图 6-8)。

图6-8　虚实变换

单击【虚实变换】按钮,命令行提示为:

请选取要变换线型的图元 ＜退出＞:∥用任一选择图元的方法选取

原来线型为实线的变为虚线;原来线型为虚线的则变为实线。

本命令不适用于天正图块。如需要变换天正图块的虚实线型,应先把天正图块分解为标准图块。若虚线的效果不明显,可使用系统变量 LTSCALE 调整其比例。

10. 加粗实线

"加粗实线"命令用于将图线按指定宽度加粗(图 6-9)。

单击【加粗实线】按钮,命令行提示为:

请指定加粗的线段:∥选择要加粗的线和圆弧

选择对象:∥回车结束选择

图6-9　加粗实线

线段宽<50>：//给出加粗宽度 100

则图线按照指定宽度加粗。

11. 消除重线

"消除重线"命令用于消除多余的重叠线条。

单击【消除重线】按钮，命令行提示为：

选择对象：指定对角点：找到 2 个

对图层 0 消除重线：由 2 变为 1

参与处理的重线包括：直线、圆、圆弧的搭接、部分重合和全部重合。对于多段线的处理，用户必须先将其分解直线，才能参与处理。

12. 测量边界

"测量边界"命令用于测量选定对象的外边界。

单击【测量边界】按钮，命令行提示为：

副本选择对象：找到 1 个

X＝815.85；　Y＝608.349；　Z＝0

点击菜单选择目标后，提示所选择目标的最大边界的 X 值、Y 值和 Z 值，并以虚框表示对象最大边界，包括图上的文字对象在内。

13. 统一标高

"统一标高"命令用于整理二维图形，包括天正平面、立面、剖面图形，使绘图中避免出现因错误的取点捕捉，造成各图形对象 Z 坐标不一致的问题。

单击【统一标高】按钮，命令行提示为：

是否重置包含在图块内的对象的标高？（Y/N）[Y]：//按要求以"Y"或"N"回应

选择需要恢复零标高的对象：//选择对象

14. 搜索轮廓

"搜索轮廓"命令在二维图中自动搜索出内外轮廓，在上面加一圈闭合的粗实线，如果在二维图内部取点，搜索出点所在闭合区内轮廓，如果在二维图外部取点，搜索出整个二维图外轮廓。

单击【搜索轮廓】按钮，命令行提示为：

选择二维对象：选择 AutoCAD 的基本图形对象，不支持天正对象。

此时移动十字光标在二维图中搜索闭合区域，同时反白预览所搜索到的范围。

点取要生成的轮廓<退出>：点取后生成轮廓线。

15. 图形剪裁

"图形剪裁"命令可以一次修剪掉指定区内的所有图线或部分图块。

单击【图形剪裁】按钮，命令行提示为：

请选择被裁剪的对象：//单击图块

矩形的第一个角点或 {多边形裁剪[P]/多段线定边界[L]/图块定边界[B]}<退出>：选择矩形第一角点

另一个角点<退出>：//第二角点

则图中重叠部分的树被剪掉，如图 6-10 所示。

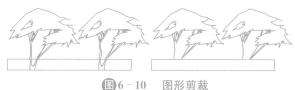

图 6 - 10　图形剪裁

如果需裁剪的形状不规则,可以选用"多边形裁剪"选项。

16. 图形切割

"图形切割"命令用于从图形中切割出一部分,图形切割后不破坏原有图形(图 6 - 11 所示)。

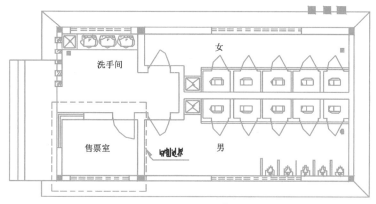

图 6 - 11　图形切割

单击【图形切割】按钮,命令行提示为:

矩形的第一个角点或 {多边形裁剪[P]/多段线定边界[L]/图块定边界[B]}＜退出＞://沿图所示的虚线矩形框位置点取第一个角点

另一个角点＜退出＞://输入第二角点定义裁剪矩形框

此时程序已经把刚才定义的裁剪矩形内的图形完成切割,并提取出来,在光标位置拖动,命令行继续提示:

请点取插入位置://在图中空白处给出该图形的插入位置

 学后任务

复习本节天正建筑的命令,体会与原版 AutoCAD 命令的区别。

 **任务二　使用天正建筑软件绘制学生宿舍楼标准层平面图**

 任务描述

本部分任务主要介绍了天正建筑软件绘制建筑平面图的命令及过程。通过轴网、墙

体、门窗、楼梯、文字标注等一系列命令的学习,学生可迅速掌握建筑平面图的绘制。

知识、技能目标

了解使用天正建筑软件进行建筑设计的基本知识,熟练掌握使用天正建筑软件进行建筑平面图的绘制。

任务实现

本任务中我们将以图 6-12 所示的×××宿舍楼二层平面图为例,介绍使用天正建筑软件绘制建筑平面图的方法和技巧。

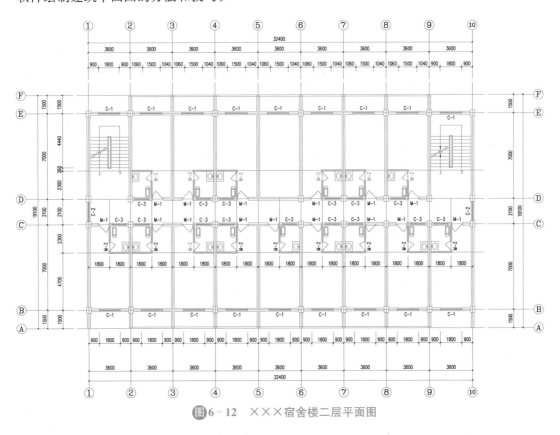

图 6-12　×××宿舍楼二层平面图

一、初始设置

在天正建筑的【工具】→【选项】对话框中,有一个"天正基本设定"选项卡,打开此选项卡,显示的是天正建筑设置的一些作图和标注参数,如图 6-13 所示。

在一般情况下我们可以按照此默认设置开始绘图。当然,我们也可以根据实际的需要修改这些参数。

在"对新对象有效"的选项中,"当前比例"默认为 100,即预计的打印比例为 1∶100,"当前比例"用来控制文字、尺寸标注数字、轴号等的大小,如果将"当前比例"设置变大,则输入

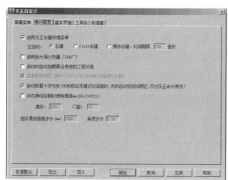

图 6-13　天正建筑软件基本设定

的文字的高度、尺寸标注的数字和轴号直径的大小都会变大。"当前比例"设置变小,则输入的文字的高度、尺寸标注数字和轴号直径的大小都会变小。

在"当前层高"选项中根据设计高度在右边的下拉列表框中选择层高数值,如果列表框中没有所需数值,可直接输入新的数值。同理可以设置"内外高差"。

在"直线标注""角度标注"和"坐标标注"的选项中,设置的是标注的样式,可以默认使用原有的设置。

在"对新对象有效"中的所有选项,改变其设置只影响设置以后绘制的图形,不影响已绘制好的图形。

在"对象表现"的所有选项,可根据具体内容设置各种对象的显示形式。

在"操作方式"的所有选项,设置操作天正建筑使用操作的基本选项。

二、绘制轴网

在天正建筑屏幕左侧菜单单击主菜单下的二级菜单【轴线柱网】按钮,其下方会列出天正建筑有关绘制轴网和柱子的菜单选项。

单击【轴线轴网】选项,或者在命令行输入"ZXZW"后回车,出现"绘制直线轴网"对话框,如图 6-14 所示。

任务二

绘制轴网

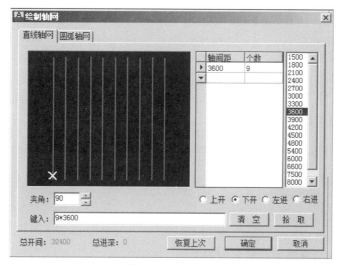

图 6-14　绘制轴网

可以在下开间中输入轴线尺寸为 3600 或者在"尺寸"选项中选择相应的数值,单击【添加】按钮,再将个数改为 9,同时在左侧的预览区出现了竖向的轴线。由于本图的左右两个进深尺寸相同,所以选中"左进"或"右进"都可以,依次添加进深尺寸 1500、7000、2100、7000、1500。所有轴网尺寸数据输入完毕,左侧的预览区也显示出轴网的布局,确认无误后,单击【确定】按钮,在绘图窗口出现一个红色的轴网并随光标移动。同时命令行提示为:

点取位置或{转 90 度[A]/左右翻[S]/上下翻[D]/对齐[F]/改转角[R]/改基点[T]}<退出>:

这时只要在绘图区域适合的位置点取一下即可,则在绘图区域出现我们所输入尺寸的轴网。如图 6-15 所示。

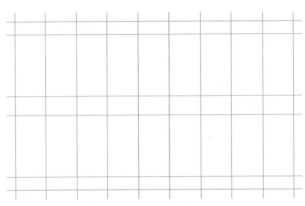

图 6-15   绘制直线轴网对话

绘制好的轴网在默认状态下画的是细实线,不是点划线,如果要设置点划线,可单击按【轴改线性】按钮,则轴线由细实线变为点划线。

三、标注轴号和轴网尺寸

绘制好的轴网可以直接标注轴号和轴网尺寸。

单击【轴网柱子】菜单下的【轴网标注】按钮,命令行提示:

请选择起始轴线<退出>://将光标移到最左轴线附近,直到出现"最近点"捕捉后单击

请选择终止轴线<退出>://将光标移到最右轴线附近,出现"最近点"捕捉后单击

请选择不需要标注的轴线<退出>://点击或者右键确定没有

同时在屏幕左上角有对话框,选中"单侧标注"和"双侧标注",起始轴号为"1",如果和自己绘制的不同就修改,如图 6-16 所示。

图 6-16   轴网标注对话

标注好轴号和轴网尺寸的轴网如图 6-17 所示。

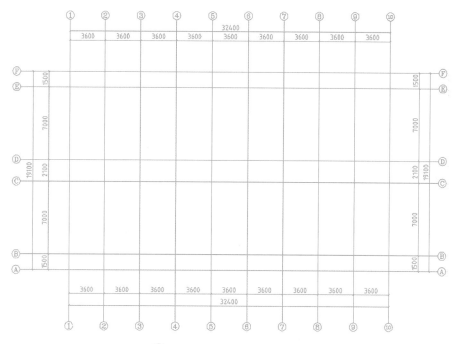

图6-17 标注轴号和轴网尺寸

由例图可知,在此平面图中有大量隔墙,为了方便下一步绘制墙体,我们需要绘制出这些隔墙的定位轴线,我们可以使用"复制"命令绘制出这些轴线,完成后如图6-18所示。

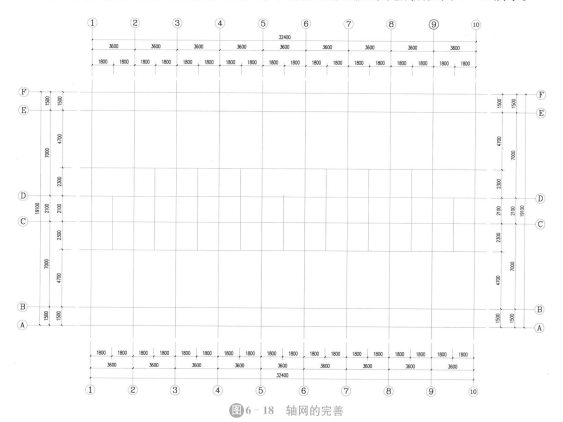

图6-18 轴网的完善

四、绘制墙体

完成柱网的绘制后我们就可以开始绘制墙体了。单击主菜单下的【墙体】二级菜单,下方出现绘制和编辑墙体的各种工具按钮。

单击菜单中的【绘制墙体】按钮,弹出"绘制墙体"对话框,如图 6 - 19 所示。

任务二

绘制墙体

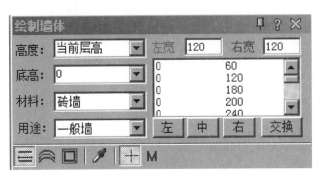

图 6 - 19　绘制墙体对话框

在此对话框中,首先要求选择画墙方式,在对话框下方有三种绘制墙体方式和一种捕捉方式按钮,分别是:

【绘制直墙】,当绘制墙体端点与已绘制的其他墙端相遇时,自动结束绘制,并开始下一连续绘制过程。

【绘制弧墙】,用三点和两点加半径方式画弧墙。

【矩形绘墙】,通过指定房间对角点,生成四段墙体围成的矩形房间。当组成房间的墙体与其他墙体相交时自动进行交点处理。

【自动捕捉】,绘制墙体时提供自动捕捉方式,并按照墙基线端点、轴线交点、墙垂足、轴线垂足、墙基线最近点、轴线最近点的优先顺序进行。

例图中的墙体绘制应选择【绘制直墙】。例图中主要墙体宽度 240,沿定位轴线左宽120,右宽 120,在"绘制墙体"对话框的"左宽"文本框中输入 120,"右宽"文本框输入 120。在"高度"对话框中取墙体高度 3300,"材料"选砖墙。例图中卫生间的隔墙为 120;在"绘制墙体"对话框的"左宽"文本框中输入 60,"右宽"文本框输入 60,在"高度"对话框中取墙体高度 3300,"材料"选填充墙。

选择好对话框中的设计参数后,在绘图区单击,使对话框处于非激活状态,这时命令行提示:

起点或 {参考点[R]}<退出>://捕捉到外墙轴线交点

TGWALL 直墙下一点或 {弧墙[A]/矩形画墙[R]/闭合[C]/回退[U]}<另一段>:

//沿顺时针方向捕捉轴线下一个交点

根据实际情况选择这三种墙体样式进行绘制,如果在绘制的过程中有多余的墙线,可以用"删除"命令删除多余墙线。

依次绘制出所有墙线,绘制好的墙体如图 6 - 20 所示。

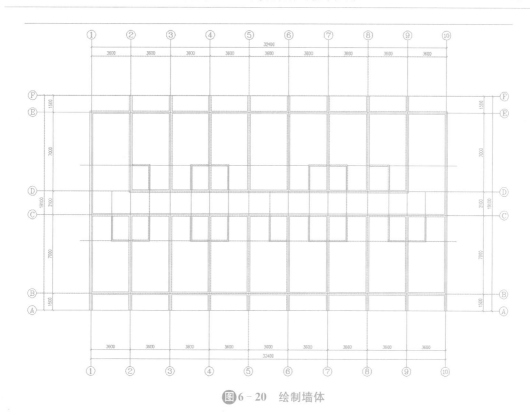

图 6 – 20 绘制墙体

绘制完成墙线显示为细实线,如果想显示为粗实线,可以在绘图区域点击墙体后右键点击粗线关闭,则在图中就可以看到加粗的墙线。由于墙线加粗后会影响图形的显示速度,所以在绘图时不打开加粗功能,在最后打印出图时再进行加粗处理。

五、绘制柱子

单击【轴网柱子】菜单下的【标准柱】命令按钮,弹出"标准柱"对话框,如图 6 – 21 所示。

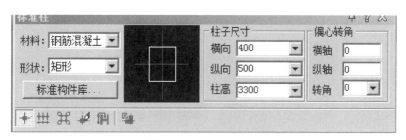

图 6 – 21 标准柱对话框

在该对话框中,有"材料""形状""预览""柱子尺寸"和"偏心转角"五个分区。打开"材料"下拉列表可以看出,标准柱的材料可以在砖、石材、钢筋混凝土和金属四种材料中选择。

打开"形状"下拉列表,可以选择的柱子形状有矩形、圆形、正三角形、正五边形、正六边形、正八边形和正十二边形。你点取的形状会即时显示在预览区。

在"柱子尺寸"分区中,选择柱子的"横向""纵向"和"柱高"尺寸。例图中柱子尺寸:400×500,柱高均为 3300。

在"偏心转角"分区,"转角"文本框中的角度值是指柱子相对于轴线的倾斜角度,本例设置为 0。柱子的默认插入位置是将柱子的中心点与轴线的交点重合,因而本例的"横轴"和"纵轴"都设置为 0。

在对话框的下方有三种柱子的插入方法和一种柱子替换方法。

【交点插柱】,捕捉轴线交点插入柱子,如未捕捉到轴线交点,则在点取位置插柱。

【轴线插柱】,指定一根轴线,在选定的轴线与其他轴线的交点处插入柱子。

【区域插柱】,在指定的矩形区域内,在所有的轴线交点处插入柱子。

【柱子替换】,以当前参数的柱子替换图上已有的柱子,可以单个替换或者以窗选成批替换。

例图中的柱子用【轴线插柱】比较方便。

单击 按钮,命令行提示:

请选择一轴线<退出>:

在绘图区单击一下,使鼠标箭头变为小方框拾取点,用方框框住某一轴线处单击,则在该轴线与其他轴线的交点处插入了所选柱子,根据此命令可依次插入所有柱子。

由于例图中有第三种不同尺寸的柱子,可以依次插入三种不同尺寸的柱子,也可全部先插入一种尺寸柱子,再双击需要修改尺寸的柱子,此时会弹出"标准柱"对话框,修改其尺寸即可。

用"删除"命令删除多余的几个柱子。由于例图中所有柱子中心点与轴线交点不重合,可以使用"移动"命令将柱子移动到正确位置。

完成这一步的绘制后,柱子为空心矩形柱,如果要显示为实心柱子,可以单击绘图区下方的【填充】开/关按钮来选择是否填充,绘制好的柱子如图 6 - 22 所示。

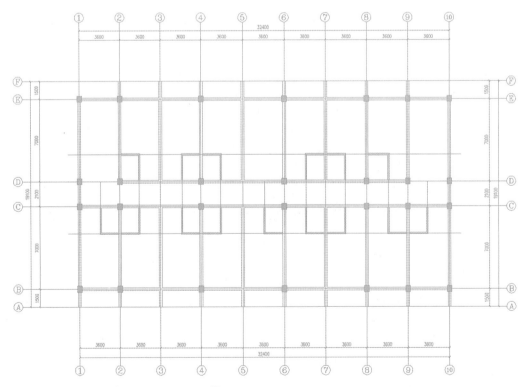

图 6 - 22　柱子的绘制

六、绘制门窗

单击【门窗】菜单下的【门窗】命令按钮,这时会弹出"门窗参数"对话框,如图 6－23 所示。

图 6－23　门窗参数对话框

这个对话框中,可以输入门窗编号、门窗高、门窗宽、门槛高、窗台高等门窗参数。

【插门】,这时会显示插门的各种参数设置,输入相应的门参数,在左右两侧的黑色区域,会显示门的平、立面,点击会进入"天正图库管理系统",这时可以选择门的样式(天正建筑自带的门样式)。

【插窗】,这时会显示插窗的各种参数设置,输入相应的窗参数,在左右两侧的黑色区域,会显示窗的平、立面,点击会进入"天正图库管理系统",这时可以选择窗的样式。

【插门联窗】,这时会显示插门联窗的各种参数设置,输入相应的门联窗参数,在左右两侧的黑色区域,会分别显示门和窗的立面,点击会进入"天正图库管理系统",这时可以选择门联窗的样式。

▨⌒□▢,依次为【插子母门】、【插弧窗】、【插凸窗】和【插矩形洞】的命令,点击进入后会显示相应的参数设置以及样式。

▨⊟▤▦▤▨▥▦▥,这些是门窗插入形式的命令图标,依次为【自由插入】、【沿直墙顺序插入】、【依据点取位置两侧轴线等分插入】、【再点取的墙段上等分插入】、【垛宽定距插入】、【轴线定距插入】、【按角度插入弧墙上的门窗】、【充满整个墙段插入门窗】、【插入上层门窗】和【替换图中已插入的门窗】这些命令。我们可以根据绘图的实际需要选择相应门窗插入方式。

(1) 楼梯间窗的插入

首先点击【插窗】命令,输入窗参数:窗编号 C－1 ,窗宽 1800、窗高 1800、窗台高 900,选择窗样式为四线表示(如图 6－24),然后选择【依据点取位置两侧轴线等分插入】,这时命令行提示:

指定参考轴线[S]/门窗个数(1～2)<1>:

点取门窗大致的位置和开向(Shift－左右开)<退出>:

重复此命令可完成此类型窗的插入,也可以插入一个窗后,使用复制命令完成其他窗的插入。

同样方法可完成例图中走廊两侧窗户和卫生间高窗的插入。窗编号 C－2,窗宽 1500、窗高 1800、窗台高 900,然后选择【依据点取位置两侧轴线等分插入】;窗编号 C－3,窗宽

1200、窗高 900、窗台高 1800,然后选择【依据点取位置两侧轴线等分插入】,勾选为高窗。

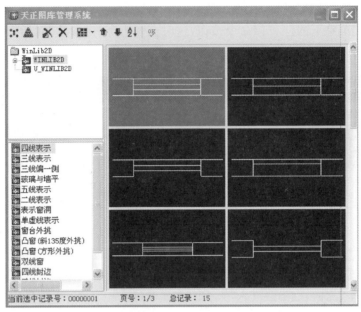

图 6 - 24　窗样式选择

（2）宿舍门的插入

首先点击回【插门】命令,输入门参数:门编号 M－1,门宽 900、门高 2000、门槛高 0,选择门的样式为单扇平开门(半开)如图 6 - 25 所示,然后选择【轴线定距插入】,输入距离为240,这时命令行提示:

点取门窗大致的位置和开向(Shift－左右开)<退出>:

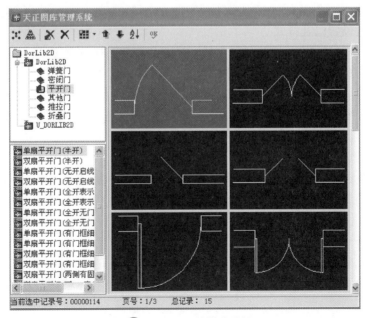

图 6 - 25　门的样式选择

使用鼠标配合<Shift>键,选择好门开启方向和左右方向,点击鼠标左键完成一个门的插入,可继续完成其余的门的插入,也可以插入一个门后,使用复制命令完成其他门的插入。

同样方法可完成例图中卫生间门的输入。门编号 M－2,门宽 700、门高 2000、门槛高 0,选择门的样式为单扇平开门(半开),然后选择【轴线定距插入】,输入距离为 300。

(3) 宿舍阳台推拉门的插入

首先点击 回【插门】命令,输入门参数:门编号 TM－1,门宽 1500、门高 2000、门槛高 0,选择门的样式为双扇外装推拉门如图 6－26 所示,然后选择【依据点取位置两侧轴线等分插入】,这时命令行提示:

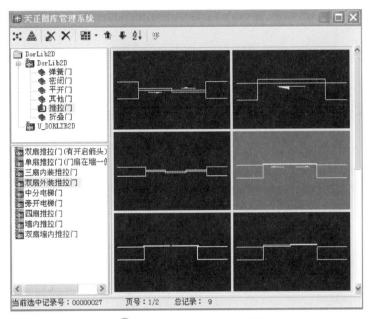

图 6-26　推拉门的样式选择

指定参考轴线[S]/门窗个数(1～2)<1>:

点取门窗大致的位置和开向(Shift－左右开)<退出>:

重复此命令可完成此类型门的插入,也可以插入一个门后,使用复制命令完成其他门的插入。

(4) 洗衣间门洞的插入

点击【插矩形洞】的命令,输入门洞参数:门洞编号 DK－1,洞宽 1800、洞高 2400、底高 0,【依据点取位置两侧轴线等分插入】,这时命令行提示:

指定参考轴线[S]/门窗个数(1～2)<1>:

点取门窗大致的位置和开向(Shift－左右开)<退出>:

重复此命令可完成此类型门洞的插入,如图 6－27 所示。

完成所有门窗插入后如图 6－28 所示。

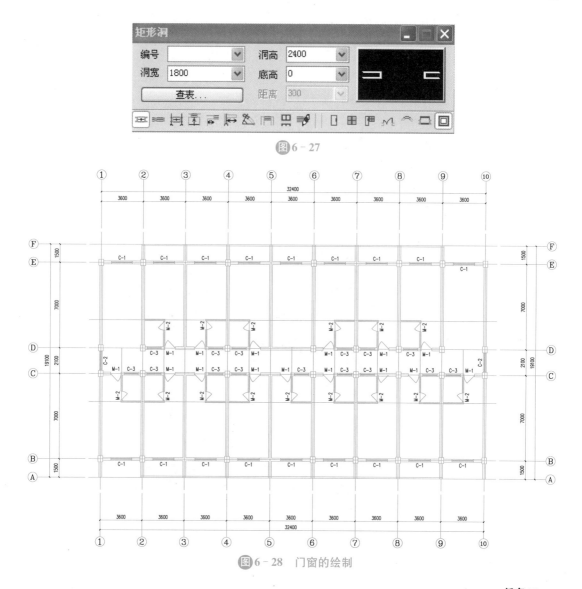

图 6 - 27

图 6 - 28　门窗的绘制

任务二

绘制楼梯

七、绘制楼梯

例图中的两个楼梯图均为双跑楼梯,双跑楼梯是建筑中最常用的一种楼梯形式,在天正建筑中有专门绘制双跑楼梯的命令。

单击【楼梯其他】菜单中【双跑楼梯】按钮,弹出"矩形双跑梯段"对话框,设置中间层的各项参数。楼梯参数:楼梯高度 3300、楼梯宽 3360、梯段宽 1600、井宽 160、踏步总数 10、一跑踏步 10、二跑踏步 10、踏步高度 165、踏步宽度 280,休息平台:矩形、宽度 1800,层类型:中间层;踏步取齐:其楼板;上楼位置:右边。完成设置如图 6 - 29 所示。

单击【确定】后,对话框消失,绘图区出现一个跟随光标移动的楼梯,同时命令行提示为:

点取位置或 {转 90 度[A]/左右翻[S]/上下翻[D]/对齐[F]/改转角[R]/改基点[T]} <退出>://输入 D 将休息平台翻到下方,则图中插入了一个按照上述参数设定的中间层楼梯

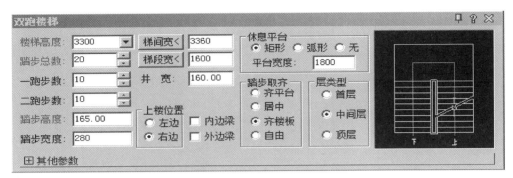

图 6-29　楼梯设置对话框

在楼梯对话框左下方有个【其他参数】按钮,当我们点击后会显示与楼梯相关的其他数据,如图 6-30 所示。

图 6-30　楼梯设置对话框

八、绘制阳台

阳台的绘制方式一般有凹阳台、巨型三面阳台、阴角阳台等六种。例图中的阳台均为凹阳台。命令的启动方式有:

屏幕菜单:【楼梯其他】➡【阳台】。

任务二

绘制阳台

执行命令后弹出"绘制阳台"对话框,如图 6-31 所示。在绘图区域选择阳台挑出的对应轴线点取起点与终点,当点击起点后发现阳台的方向不对应时,输入"F"翻转到另一侧,再点击终点位置。

图 6-31　绘制阳台对话框

九、绘制家具、洁具

在例图中宿舍房间、卫生间、阳台和洗衣间均有家具和洁具的布置,使用 AutoCAD 的命令绘制这些家具、洁具是非常难的,天正建筑在软件中置入了通用图库。在通用图库中就包含着家具、洁具的平立面图。

单击【图案图库】按钮,然后选择【通用图库】按钮,弹出"天正图库管理系统"对话框。单击 选择二维图库,在二维图库中我们可以挑选适合家具、洁具平面,如图6-32所示。

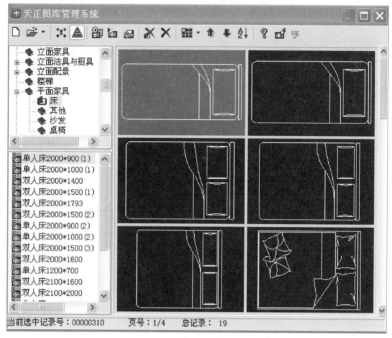

图6-32 天正图库管理系统

选择好适合的图形后,双击【天正图库管理系统】右侧所选定的图形,弹出"图块编辑"对话框,如图6-33所示。一般情况下不需要改变其设置,命令行提示为:

点取插入点{转90[A]/左右[S]/上下[D]/对齐[F]/外框[E]/转角[R]/基点[T]/更换[C]}<退出

可完成图形的插入,插入的图形为一个图块形式,可以移动、复制。通过移动、复制插入的图块,配合绘图的基本命令可以完成家具、洁具的绘制。

➢ 注意:在天正的图库中已经收录了一些图案,但是还远远不能满足我们绘图的需要,我们可以注意平时收集CAD图库。一些简单的图形,我们可以通过基本的绘图命令来完成绘制。

完成家具、洁具绘制后如图6-34所示。

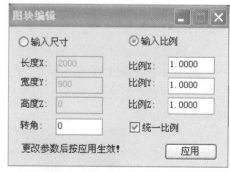

图6-33 图块编辑对话框

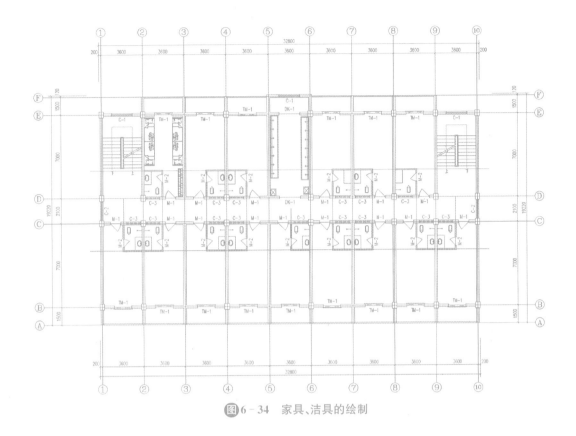

图6-34　家具、洁具的绘制

十、雨篷的绘制

在建筑物的二层,需要绘制出一层入口上方的雨篷,在例图的一层平面中共有四个出入口,分别在建筑物南侧中部(主入口)、东侧中部、两个楼梯间北部。由于建筑物二层挑出阳台,起到了雨篷的作用,主入口上方不需要绘制雨篷。建筑东、西两侧中部二层以上增加阳台,所以东侧中部出入口上方不需要绘制雨篷。因此,只需在楼梯间北侧出入口上方绘制雨篷。使用相应的直线命令绘制即可,完成后如图6-35所示。

十一、尺寸标注

在标注轴号和轴网尺寸这一部分,我们已经标注出了柱网尺寸,但这还不能完全满足需要,需要继续完善标注,天正建筑提供了完善的尺寸标注命令。

点击【尺寸标注】按钮,即显示出一系列尺寸标注相关的命令菜单。

(1)门窗标注

此命令用来在平面图中标注门窗的宽度和门窗到定位轴线的距离。

单击【门窗标注】按钮,命令行提示为:

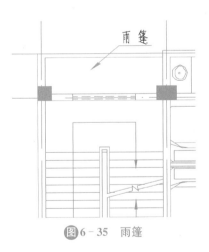

图6-35　雨篷

请用线(,点取两点)选一二道尺寸线及墙体:

起点://起点楼梯间内单击一下

终点://鼠标垂直向上在总尺寸之外单击一下(使点取的起点和终点连线穿过一段横墙和第一、二道尺寸线)

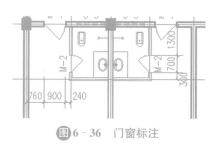

图6-36　门窗标注

则在房间墙外标注了门窗的宽度尺寸以及到两端轴线的定位尺寸。系统自动定位了第三道尺寸线的位置。命令行继续提示:

请选择其他墙体://这时还可以选取与所选取的墙体平行的其他相邻墙体,命令即可以沿同一条尺寸线继续对所选择的墙体进行标注

标注好的门窗尺寸如图6-36所示。

(2)两点标注

此命令通过指定两点,标注被两点连线穿过的轴线、墙线、门窗、柱子等构件的尺寸。尺寸线与这两点的连线平行。

单击【两点标注】按钮,命令行提示为:

起点<退出>://在左侧房间的外面单击一下

终点<退出>://在右面房间内单击一下

请选择不要标注的轴线和墙体://点取中间变虚的墙体线

选择其他要标注的门窗和柱子://点取内门

图中随即标注了柱子和门的宽度尺寸以及与轴线的定位距离,如图6-37所示。

此命令可以逐个点取标注点,沿给定的一个直线方向标注连续尺寸。

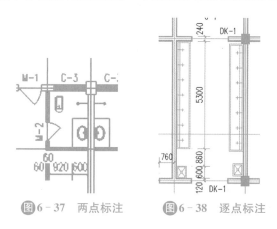

图6-37　两点标注　　　图6-38　逐点标注

(3)逐点标注

"逐点标注"命令与 AutoCAD"连续标注"命令的使用方法相同。也可以标注用 AutoCAD 命令绘制的图形,如图6-38所示。

单击【逐点标注】按钮,命令行提示为:

起点 或 {参考点[R]}<退出>://捕捉标注的第一点

第二点<退出>://捕捉第二点

请点取尺寸线位置或 {更正尺寸线方向[D]}<退出>://点取一点作为尺寸线的位置

请输入其他标注点 或{撤销上一标注点[U]}<结束>://继续捕捉其他点

请输入其他标注点 或｛撤销上一标注点[U]｝＜结束＞：//回车结束

（4）内门标注

此命令用于标注平面图中内墙的门窗尺寸，以及门窗与最近的定位轴线或者墙边的关系，如图6-39所示。

单击【内门标注】按钮，命令行提示为：

标注方式：//轴线定位，请用线选门窗，并且第二点作为尺寸线位置

起点或 ｛垛宽定位[A]｝＜退出＞：//在门的下方偏向右侧轴线处单击

图6-39 内门标注

终点＜退出＞：//鼠标向上穿过内门在门上方单击一点，此点作为尺寸线的位置

（5）取消尺寸

天正标注出的尺寸是由多个连续尺寸组成的一个整体，用普通删除命令无法做到对其中一段的删除，因此必须使用"取消尺寸"命令完成此类操作。

单击【取消尺寸】按钮，命令行提示为：

请选择尺寸标注＜退出＞：//点取要删除的区间尺寸线

请选择尺寸标注＜退出＞：//继续点取或者回车退出命令

则点取的一段尺寸标注被取消。

（6）连接尺寸

使用"连接尺寸"命令可以连接两个独立的标注对象，合并成为一个标注对象。

单击【连接尺寸】按钮，命令行提示为：

请选择主尺寸标注＜退出＞：//点取要对齐的左端尺寸线作为主尺寸

选择需要连接的其他尺寸标注＜结束＞：//点取右端要连接的尺寸线

选择需要连接的其他尺寸标注＜结束＞：//回车结束

则两段尺寸连接为一组完整的标注。

（7）增补尺寸

"增补尺寸"命令用来在已经标注的一个尺寸中再增分几段尺寸。

单击【增补尺寸】按钮，命令行提示为：

请选择尺寸标注＜退出＞：//单击已有的尺寸标注

点取待增补的标注点的位置或 ｛参考点[R]｝＜退出＞：//依次捕捉窗户两端点和中间轴线

点取待增补的标注点的位置或 ｛参考点[R]｝＜退出＞：//回车退出

则在原来的一个尺寸线上增加了若干段尺寸标注，如图6-40所示。

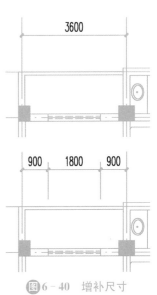

图6-40 增补尺寸

（8）尺寸转化

"尺寸转化"命令用于将 AutoCAD 标注的尺寸转化为天正标注的尺寸。

单击【尺寸转化】按钮，命令行提示为：

请选择 ACAD 尺寸标注：//点取一个 AutoCAD 尺寸标注

请选择 ACAD 尺寸标注：//继续点取
请选择 ACAD 尺寸标注：//回车结束
全部选中的 2 个对象成功转化为天正尺寸标注！

十二、文字

天正中的文字标注方法有单行文字、多行文字、曲线文字和专业词库。使用已经建立的天正文字样式，都可以为文字设置上下标、加圆圈、添加特殊符号，以及导入专业词库等。

使用"文字样式"命令可创建新的文字样式或修改文字样式的字体和宽高比。文字样式修改后，当前图纸中使用此样式的文字将全部修改。

（1）文字样式命令的启动方式有：

选择【文字表格】→【文字样式】菜单，打开"文字样式"对话框，通过此对话框可创建或修改文字样式，如图 6-41 所示。

图 6-41　文字样式

（2）单行文字命令的启动方式有：

选择【文字表格】→【单行文字】菜单，打开"单行文字"对话框，通过此对话框输入单行文字，并设置其文字样式、对齐方式等，然后指定文字的插入位置，即可完成单行文字的绘制，如图 6-42 所示。

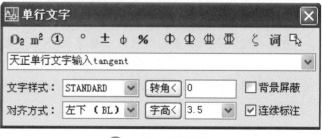

图 6-42　单行文字

（3）多行文字命令的启动方式有：

选择【文字表格】→【多行文字】菜单，打开"多行文字"对话框，通过此对话框输入多行文字,并设置其行距和页宽等,然后指定文字的插入位置,即可完成多行文字的绘制,如图6-43所示。

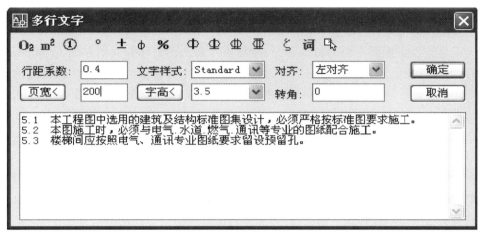

图6-43 多行文字

(4) 曲线文字命令的启动方式有:

选择【文字表格】→【曲线文字】菜单,启动"曲线文字"命令,根据命令行提示可直接绘制曲线文字或按照已有曲线布置文字,如图6-44所示。

图6-44 曲线文字

在本例子中使用"单行文字"输入房间名称"宿舍",如图6-45所示,在屏幕中绘图区域选择合适的位置点击左键确定,使用同样的方式标注其他房间或者复制单行文字"宿舍"到其他位置。

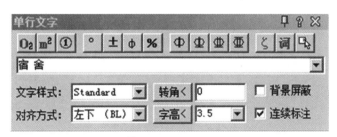

图6-45 输入文字

十三、图形打印

完成上述步骤的绘制,图形绘制就基本完成了(当然还有必要的文字标注、说明等),下面我们就可以进入图形打印这一步骤了。

天正建筑没有提供专门的打印命令,但提供了与出图打印有关的布图、比例、图框、图层、图纸等相应命令,需使用 AutoCAD 的"打印"命令来打印图形。在打印图形之前,要确保已安装好打印机或绘图仪。使用 Windows 的菜单命令【开始】→【设置】→【打印机】进行安装与设置。

单击天正建筑主菜单下的【文件布图】按钮,系统弹出"文件布图"二级菜单命令。

(1) 插入图框

在打印出图之前,需要给每幅图纸插入图框。依次单击天正主菜单下的【文件布图】二级菜单中的【插入图框】按钮,系统弹出"图框选择"对话框。

在对话框中可以选择合适的图幅,选择是否带有会签栏等。例图需要选择 A2 图幅,比例 1∶100,带有会签栏和标准标题栏,单击【插入】按钮,退出对话框,命令行提示为:

请点取插入位置<返回>: //在图中点取合适位置后插入了一个 A2 图框。

(2) 设置打印参数

执行【文件】→【打印】命令,显示"打印"对话框,如图 6 - 46 所示。

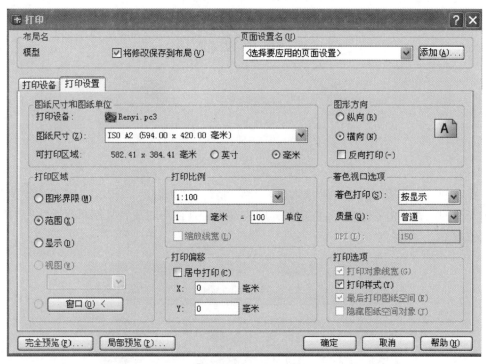

图 6 - 46　打印对印框

在"打印设备"选项中打开"名称"下拉列表选择已经安装了的打印机或绘图仪名称;在"打印设置"中:"图纸尺寸"选择 A2,"打印比例"选择 1∶100;打印范围选择"范围","打印偏移"选"居中打印"。点击【窗口】按钮框选打印范围然后单击【完全预览】按钮,则显示图 6-47 所示的预览图形。

如果预览没有问题,点击鼠标右键选择打印则图形可以打印出来,如果预览有问题,点击鼠标右键选择退出返回打印对话框进行修改。

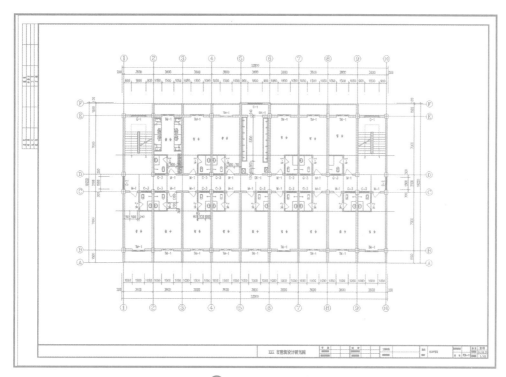

图 6-47　打印预览

学后任务

独立绘制学生宿舍楼标准层平面图。

▶ 任务三　使用天正建筑软件绘制建筑立、剖面图 ◀

任务描述

本部分任务主要介绍了天正建筑软件绘制建筑立面图和剖面图的命令及过程。通过一系列命令的讲解以及实例操作的练习,让学生迅速掌握绘制建筑立面图和剖面图的绘制方式和步骤。

知识、技能目标

了解使用天正建筑软件进行建筑设计的基本知识,熟练掌握使用天正建筑软件进行绘制建筑立面图和剖面图。

 任务实现

一、绘制建筑立面图

单击天正建筑主菜单下的【立面】按钮,打开"立面"二级菜单。菜单中提供了【建筑立面】、【单层立面】和【构件立面】三个命令,可以用平面图生成立面图,三个命令的使用的功能各有侧重。(8.0 版只有两个命令,单层立面输入行输入 dclm 即可)

(1) 单层立面

"单层立面"命令可以用单层平面图生成对应的单层立面图。

生成立面图之前,先打开一个平面图图形,单击【单层立面】按钮,命令行提示为:

请输入立面方向或 {正立面[F]/背立面[B]/左立面[L]/右立面[R]}<退出>://键入 B(或 F、L、R)选择背立面

请选择要生成立面的建筑构件://选择背面一侧的构件

请选择要生成立面的建筑构件://回车结束选择

请选择要出现在立面图上的轴线://选取平面图两侧的轴线

请点取放置位置://在一个空白区单击

则插入一个按照所给平面图生成的单层背立面图,如图 6-48 所示。

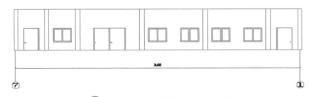

图 6-48　生成单层建筑立面

如果建筑物各楼层构造基本相同,就可以用一个标准层为原形,通过"复制"或"阵列"命令,竖向排列成一座多层楼房的立面图,然后进行局部修改。如果建筑物中的一些楼层与另一些楼层的差别较大,则可以分别制作几个标准层立面图,按照需要组合成整体的建筑多层立面图。

(2) 构件立面

"构件立面"命令用于生成某些局部构件的立面图,如门窗、阳台、楼梯等。这只是针对局部构件生成立面图。本命令既可以用来实现单个构件的立面,也可以用来实现单个标准层的立面,用于做单个标准层立面时,注意不要选择无关的物体,例如内墙和室内构件都不应选取,以便有足够快的响应速度。

单击【构件立面】按钮,命令行提示为:

请输入立面方向或 {正立面[F]/背立面[B]/左立面[L]/右立面[R]/顶视图[T]}<退出>://键入指定字母或打开正交开关后沿坐标轴方向点取第一点

指定第二点://再点取第二点

请选择要生成立面的建筑构件://点取一个指定构件

请选择要生成立面的建筑构件：//继续点取或回车结束选择

请点取放置位置：//在相应位置单击

在图中会插入指定的构件立面图,如图6-49所示。

（3）建筑立面

"建筑立面"命令可以按照楼层表的组合数据,一次生成多层建筑立面。

生成立面图之前,要先识别各层的内外墙。

图6-49　生成构件立面

首先打开首层平面图,先用【墙体】→【墙体工具】→【识别内外】命令识别建筑内外墙,再单击【建筑立面】按钮,命令行提示为：

请输入立面方向或｛正立面[F]/背立面[B]/左立面[L]/右立面[R]｝<退出>：//输入F选取正立面方向

请选择要出现在立面图上的轴线：//点取平面图的最左端轴线

请选择要出现在立面图上的轴线：//再点取平面图的最右端轴线

回车后弹出"立面生成设置"对话框,在对话框中设置各项参数,如图6-50所示。

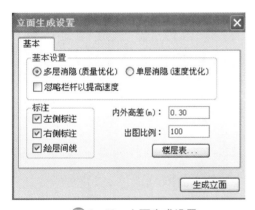

图6-50　立面生成设置

图6-51　楼层表

在生成立面之前,要先设置好"楼层表",单击对话框中的【楼层表…】按钮,系统弹出"楼层表"对话框,如果对话框中没有内容,需要设置。其中第一列为各标准层对应的自然层层号,第二列为标准层图形文件名,第三列为标准层层高,表中每一行为一个标准层的楼层信息。设置如图6-51所示楼层表的方法为：

单击第一行第一列单元格,在"楼层"一栏中输入首层层号"1",再单击【选文件…】按钮,弹出"选择标准层文件"对话框,打开"1层平面图",调入该文件,返回"楼层表"对话框,则在"DWG文件名"一栏出现"1层平面图"字样,在"层高"一栏列出平面图当前的层高值4500。同样的方法设置第二行标准层的表格内容。如果2至5层标准层的结构形状相同,可在"楼层"一栏中填"2～5",也可以将层号间用逗号","来分隔。楼层表设置好后,单击【确定】按钮,返回"立面生成设置"对话框。

在"立面生成设置"对话框中设置内外高差、出图比例等参数后,单击【生成立面】按钮,系统弹出"输入要生成文件"对话框,在"文件名"文本框中输入要生成的立面图文件名,如图6-52所示。

图 6‑52 输入要生成的立面文件名

单击【保存(S)】按钮,系统经过一系列计算后生成如图 6‑53 所示的建筑立面图。

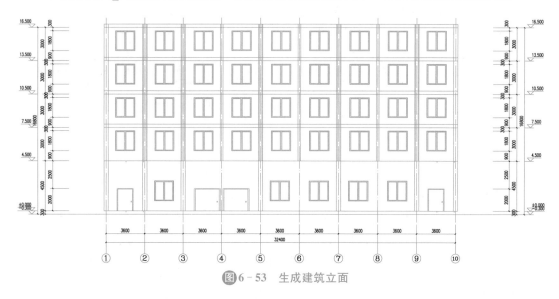

图 6‑53 生成建筑立面

由图 6‑48 可知生成的建筑立面用会存在一些问题,需要修改在生成过程中多余或遗漏的图线,生成的立面图中主要构件是门窗、阳台和柱子等,如果生成的构件不符合设计要求,可以替换掉生成的构件立面。经过一些修改我们可以得到需要的立面图形了。

二、绘制建筑剖面图

同建筑立面图相似,在天正建筑中剖面图可以由建筑平面图直接生成,由建筑平面图直接生成剖面图的方法方便快捷,但出现的问题也较多,生成以后还需要修改。

(1) 绘制剖切符号

在绘制建筑剖面图之前,首先要在首层建筑平面图中标注剖切符号。建筑图中的剖切符号由剖切位置、剖视方向和剖面编号三个内容组成,天正建筑提供了绘制剖切符号的命令。

打开天正建筑主菜单下的“符号标注”二级菜单,单击其中的【剖面剖切】按钮,命令行提示为：

　　请输入剖切编号<1>：//回车默认编号为 1

　　点取第一个剖切点<退出>：//在剖切位置的第一点单击一下

　　点取第二个剖切点<退出>：//确定剖切位置的转折点

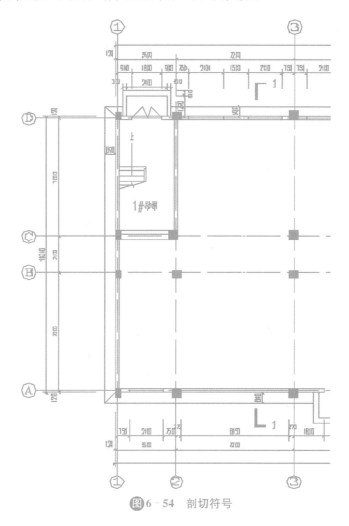

图 6 - 54　剖切符号

　　点取下一个剖切点<结束>：//继续点取下一个剖切点，然后回车结束

　　点取剖视方向<当前>：//向左移动鼠标，单击一下确定剖视方向

　　则在首层平面图中绘出一个 1 - 1 剖切符号，如图 6 - 54 所示。

（2）单层剖面

"单层剖面"命令可以由单层平面图生成对应的单层剖面图。

单击【单层剖面】按钮，命令行提示为：

请选择一剖切线：//单击剖切符号

请选择需要剖切的建筑构件：//用窗口方式选择剖切位置左侧的全部构件

请选择需要剖切的建筑构件：//回车结束选择

请选择要出现在剖面图上的轴线：//点取两端的轴线

请选择要出现在剖面图上的轴线：//回车结束选择

请点取放置位置：//在合适的空白位置单击一下

则插入一个按照所给平面图生成的单层剖面图，如图 6 - 55 所示。

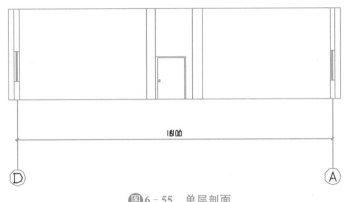

图 6 - 55　单层剖面

　　如果所设计的建筑物各楼层构造基本相同，就可以用一个标准层为原形，竖向排列成一座多层楼房的剖面图，然后进行局部修改。如果建筑物中的一些楼层与另一些楼层的差别较大，则可以分别制作几个标准层剖面图，按照需要组合成整体的建筑层剖面。

　　(3) 构件剖面

　　"构件剖面"命令用于生成某些局部构件的剖面图。此命令类似于单层剖面，只是针对局部构件生成剖面图。本命令既可以用来实现单个构件的剖面，也可以用来实现单个标准层的剖面。使用此命令之前也要求绘制好剖切符号。

　　单击【构件剖面】按钮，命令行提示为：

　　请选择一剖切线：//单击在楼梯间处的剖切符号

　　请选择需要剖切的建筑构件：//选择楼梯

　　请选择需要剖切的建筑构件：//回车结束选择

　　请点取放置位置：//在合适位置单击

　　绘出一个楼梯的剖面图，如图 6 - 56 所示。

　　(4) 建筑剖面

　　"建筑剖面"同"建筑立面"命令类似，此命令可以按照楼层的组合数据，一次生成多层建筑剖面。

　　为生成整幢建筑物的剖面，需要事先建立楼层表，指定楼层的组合关系。

图 6 - 56　楼梯剖面

　　首先打开首层平面图，再单击【建筑剖面】按钮，命令行提示为：

　　请选择一剖切线：//点取剖切线

　　请选择要出现在剖面图上的轴线：//依次点取平面图中的各条轴线

　　请选择要出现在剖面图上的轴线：//回车结束选择

　　系统弹出"剖面生成设置"对话框，如图 6 - 57 所示。

图 6-57　剖面生成设置　　　　　　　　图 6-58　输入要生成的剖面文件

在对话框中设置各项参数,然后单击按钮,弹出"楼层表"对话框,楼层表中如果没有内容,按照前文介绍的方法设置楼层表,然后单击【确定】按钮,返回"剖面生成设置"对话框,再单击对话框中的【生成剖面】按钮,系统弹出"输入要生成的文件"对话框,键入文件名"剖面",如图 6-58 所示。

单击【保存】按钮,系统经过一系列计算,生成图 6-59 所示的多层剖面图。

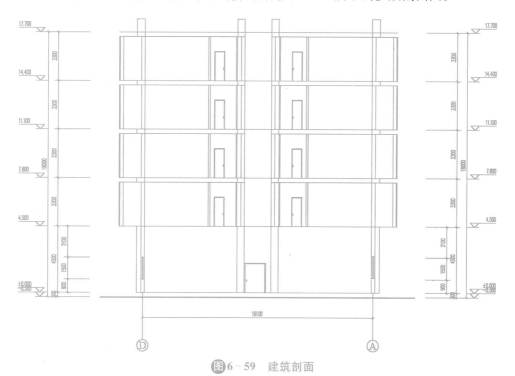

图 6-59　建筑剖面

由 6-59 可知生成的建筑剖面用会存在一些问题,需要修改在生成过程中多余或遗漏的图线,生成的剖面图中主要构件是楼板、柱子、门窗等,如果生成的构件不符合设计要求,可以修改、替换掉生成的构件立面。经过一些修改我们可以得到需要的剖面图形了。

学后任务

独立绘制本任务学习的建筑立面、剖面图。

附录一 AutoCAD 快捷键

1. 对象特性

ADC，＊ADCENTER(设计中心，快捷键＜CTRL＞＋＜2＞)

CH，MO ＊PROPERTIES(特性显示，快捷键＜CTRL＞＋＜1＞)

MA，＊MATCHPROP(属性匹配)

ST，＊STYLE(文字样式)

COL，＊COLOR(设置颜色)

LA，＊LAYER(图层操作)

LT，＊LINETYPE(线型)

LTS，＊LTSCALE(线型比例)

LW，＊LWEIGHT (线宽)

UN，＊UNITS(图形单位)

ATT，＊ATTDEF(属性定义)

ATE，＊ATTEDIT(编辑属性)

BO，＊BOUNDARY(边界创建，包括创建闭合多段线和面域)

AL，＊ALIGN(对齐)

EXIT，＊QUIT(退出)

EXP，＊EXPORT(输出其他格式文件)

IMP，＊IMPORT(输入文件)

OP,PR ＊OPTIONS(自定义 CAD 设置)

PRINT，＊PLOT(打印)

PU，＊PURGE(清除垃圾)

R，＊REDRAW(重新生成)

REN，＊RENAME(重命名)

SN，＊SNAP(捕捉栅格)

DS，＊DSETTINGS(设置极轴追踪)

OS，＊OSNAP(设置捕捉模式)

PRE，＊PREVIEW(打印预览)

TO，＊TOOLBAR(工具栏)

V，＊VIEW(命名视图)

AA，＊AREA(面积)

DI，＊DIST(距离)

LI，＊LIST(显示图形数据信息)

2. 绘图命令

PO，＊POINT(点)

L，＊LINE(直线)

XL，＊XLINE(射线)

PL，＊PLINE(多段线)

ML，＊MLINE(多线)

SPL，＊SPLINE(样条曲线)

POL ，＊POLYGON(正多边形)

REC，＊RECTANGLE(矩形)

C，＊CIRCLE(圆)

A ，＊ARC(圆弧)

DO，＊DONUT(圆环)

EL，＊ELLIPSE(椭圆)

REG，＊REGION(面域)

MT，＊MTEXT(多行文本)

T，＊MTEXT(多行文本)

B，＊BLOCK(块定义)

I，＊INSERT(插入块)

W，＊WBLOCK(定义块文件)

DIV ，＊DIVIDE(等分)

H，＊BHATCH(填充)

3. 修改命令

CO，＊COPY(复制)

MI，＊MIRROR(镜像)

AR，＊ARRAY(阵列)

O，＊OFFSET(偏移)

RO，＊ROTATE(旋转)

M，＊MOVE(移动)

E，DEL 键 ＊ERASE(删除)

X ，＊EXPLODE(分解)

TR，＊TRIM(修剪)

EX，＊EXTEND(延伸)

S，＊STRETCH(拉伸)

LEN，＊LENGTHEN(直线拉长)

SC，＊SCALE(比例缩放)

BR，＊BREAK(打断)

CHA，＊CHAMFER(倒角)

F，＊FILLET(倒圆角)

PE ，＊PEDIT(多段线编辑)

ED，＊DDEDIT(修改文本)

4. 视窗缩放

P，＊PAN(平移)

Z＋空格＋空格，＊实时缩放

Z，＊局部放大

Z+P，* 返回上一视图

Z+E，* 显示全图

5. 尺寸标注

DLI，* DIMLINEAR(直线标注)

DAL，* DIMALIGNED(对齐标注)

DRA，* DIMRADIUS(半径标注)

DDI，* DIMDIAMETER(直径标注)

DAN，* DIMANGULAR(角度标注)

DCE，* DIMCENTER(中心标注)

DOR，* DIMORDINATE(点标注)

TOL，* TOLERANCE(标注形位公差)

LE，* QLEADER(快速引出标注)

DBA，* DIMBASELINE(基线标注)

DCO，* DIMCONTINUE(连续标注)

D，* DIMSTYLE(标注样式)

DED，* DIMEDIT(编辑标注)

DOV，* DIMOVERRIDE(替换标注系统变量)

6. 常用 CTRL 快捷键

【CTRL】+1 * PROPERTIES(修改特性)

【CTRL】+2 * ADCENTER(设计中心)

【CTRL】+O * OPEN(打开文件)

【CTRL】+N、M * NEW(新建文件)

【CTRL】+P * PRINT(打印文件)

【CTRL】+S * SAVE(保存文件)

【CTRL】+Z * UNDO(放弃)

【CTRL】+X * CUTCLIP(剪切)

【CTRL】+C * COPYCLIP(复制)

【CTRL】+V * PASTECLIP(粘贴)

【CTRL】+B * SNAP(栅格捕捉)

【CTRL】+F * OSNAP(对象捕捉)

【CTRL】+G * GRID(栅格)

【CTRL】+L * ORTHO(正交)

【CTRL】+W * (对象追踪)

【CTRL】+U * (极轴)

7. 常用功能键

【F1】 * HELP(帮助)

【F2】 * (文本窗口)

【F3】 * OSNAP(对象捕捉)

【F7】 * GRIP(栅格)

【F8】 * ORTHO(正交)

附录二　基本操作练习图

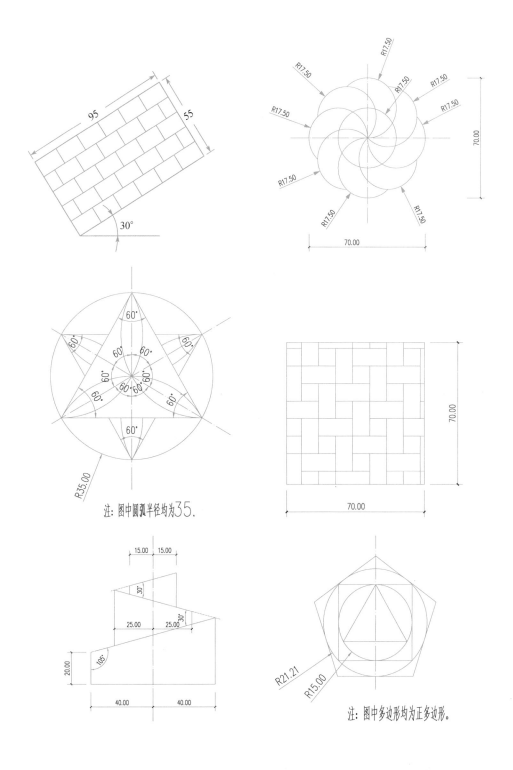

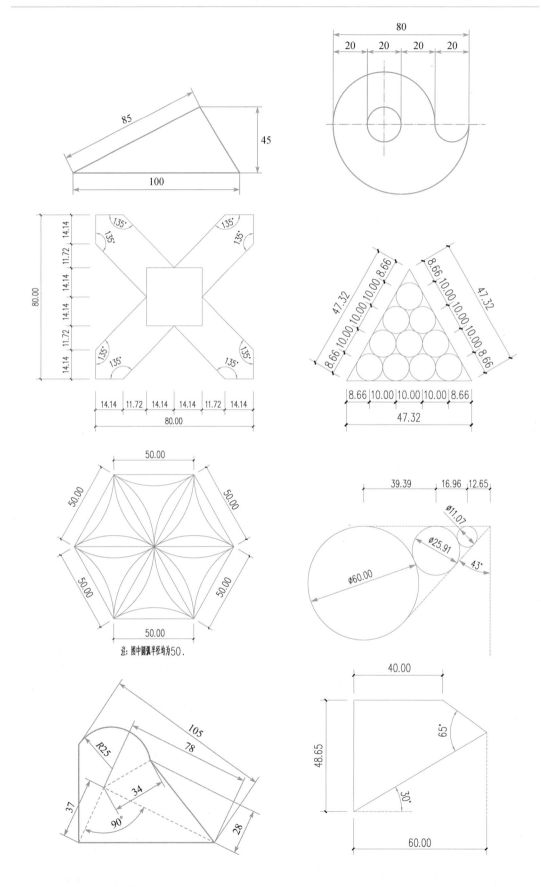

注：图中圆弧半径均为50.

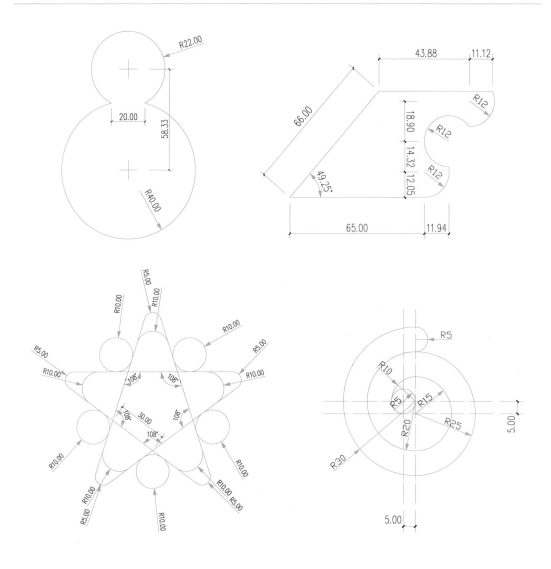

附录三　建筑制图练习图

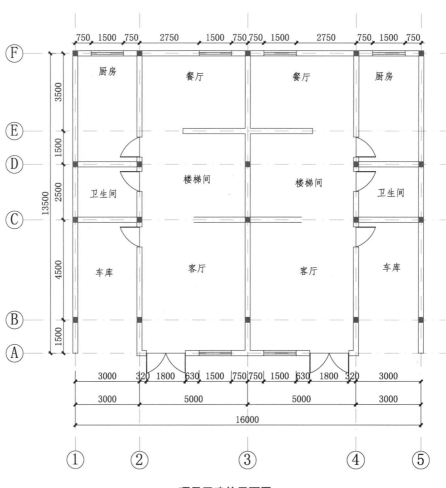

项目四建筑平面图

1：2.5水泥砂浆抹面25厚，刷浅米色外墙涂料

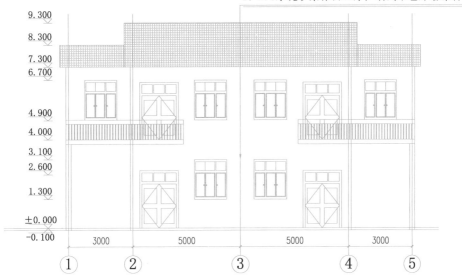

项目四建筑立面图

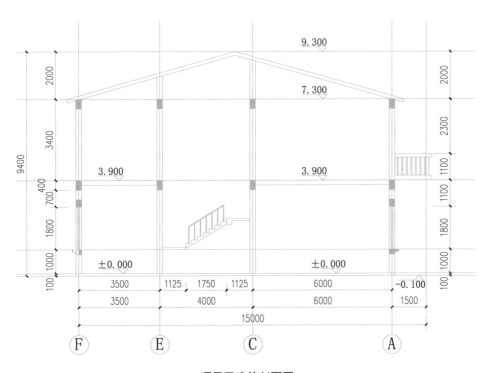

项目四建筑剖面图

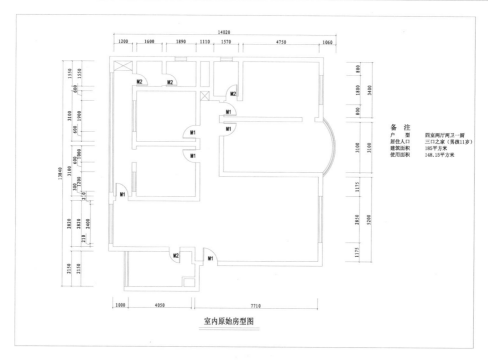

备　注
户　　型　　四室两厅两卫一厨
居住人口　　三口之家（男孩11岁）
建筑面积　　185平方米
使用面积　　148.15平方米

室内原始房型图

项目五室内原始房型图

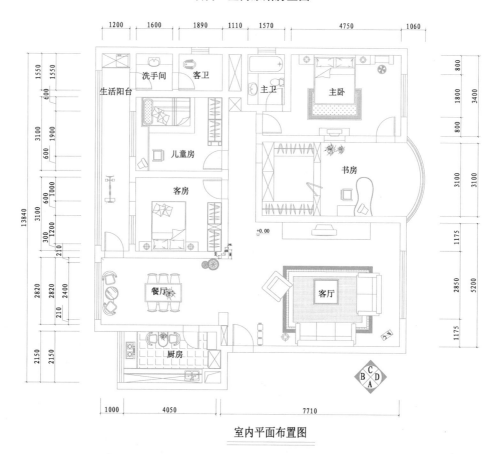

室内平面布置图

项目五室内平面布置图

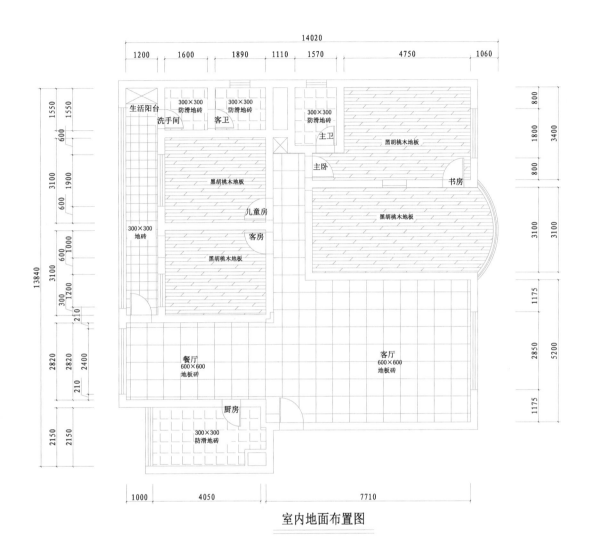

室内地面布置图

项目五室内地面布置图

室内吊顶布置图

项目五室内吊顶布置图

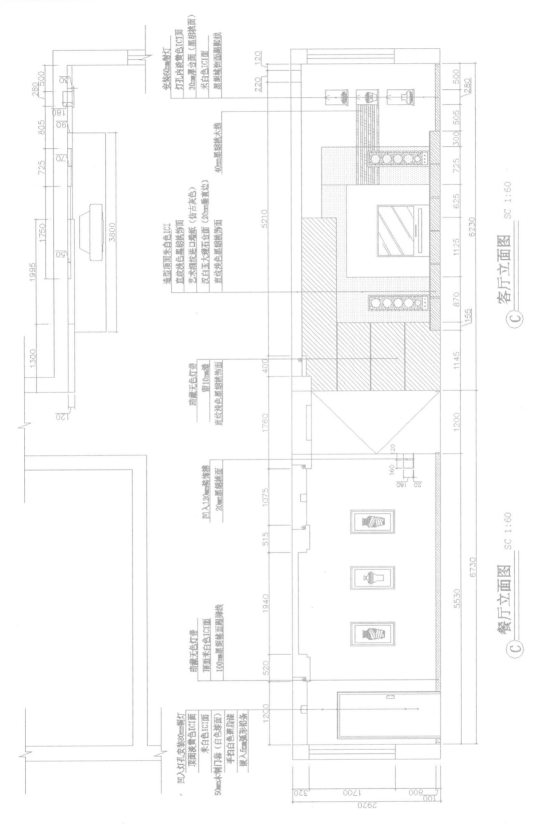

客厅立面图　SC 1:60

餐厅立面图　SC 1:60

项目五立面图

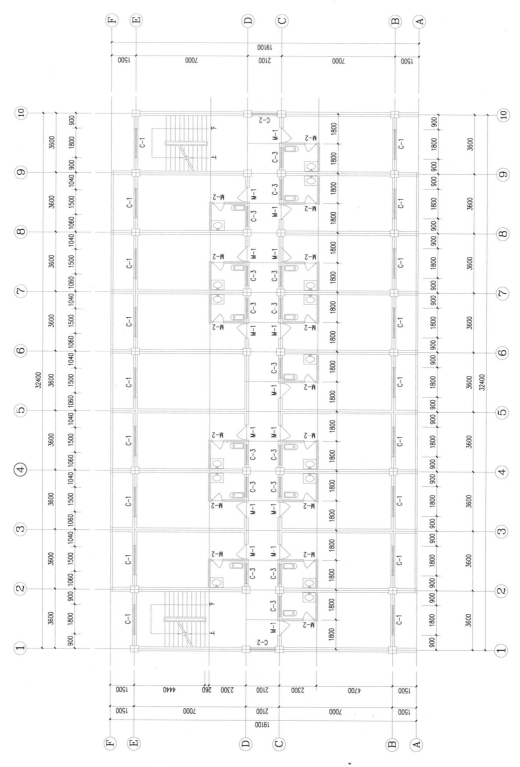

项目六建筑平面图

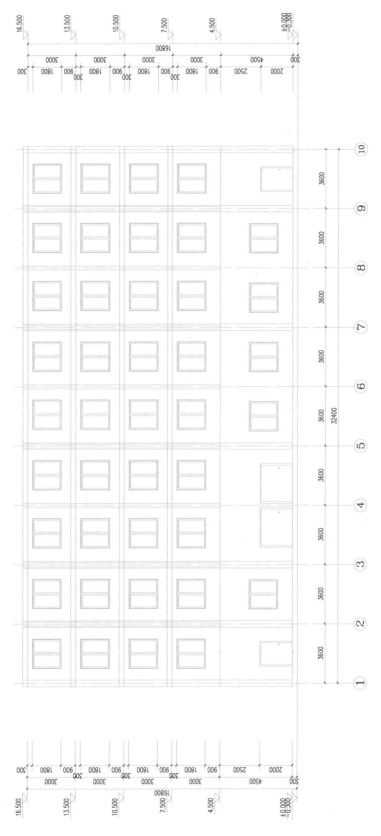

项目六建筑立面图

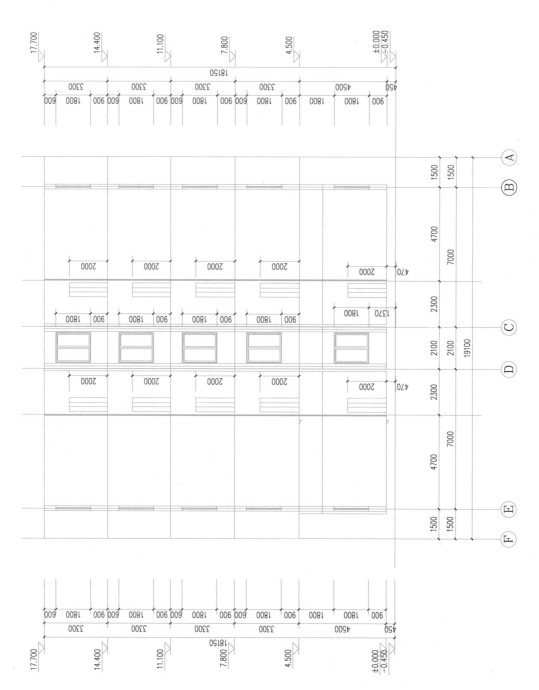

项目六建筑剖面图